有機農業運動（草創期）の記録

―熊本県を中心に―

内田　敬介

熊本出版文化会館

はしがき

二〇二〇年は、東京電力福島第一原発事件から九年目を迎える。約一二〇年前には足尾鉱毒事件が発生、約六〇年前には水俣病事件が起きた。いずれの事件も「いのちの危機」、すなわち「文明の危機」をもたらした。その起因は、「いのち」より「効率」「経済」が優先したこと、国策として進められたこと、政府と企業の癒着した構造があったことである。

一方、農業の分野でも、一九六〇年代、農業基本法農政のもとで「国策」として世界で最も多くの農薬と化学肥料が生産性向上をめざして使用された。その結果、農民だけでなく、消費者、すべての生き物の「いのちの危機」をもたらした。そこで、農民、消費者（生活者）、医師、教師などは、いのち優先、環境保全をかかげ、分断された人々が有機的につながる（連帯・協同）考え方を持ち、具体的に実践する有機農業運動を起こした。この運動が起きて半世紀を迎え、有機農業運動を担ってきた当事者は、どう継承していくかという大きな課題を抱えている。

したがって、『有機農業運動（草創期）の記録』は、一九七〇年代に有機農業運動が起きた時代背景、展開過程について熊本県を中心に調査・研究し、有機農業運動とは何かを明らかにした記録である。

追補「東日本大震災地を訪ねて」は、二〇一一年三月一一日に勃発した東電福島第一原発事件が起きた時、六月に福島市、相馬市、南相馬市、飯舘村を訪ね、有機農業を営む農民から聞き取りをした記録である。この事件が起きた時、私は「いのちの危機」、歴史の転換点と捉え、こんな時こそ現地に行き五感で認識することが大事と考えた。

「運動」とは、英語の「ムーブメント」に当たり、長期間継続的な運動を意味している。労働運動、農民運動など、親から子へ、子から孫へと代々受け継がれていく運動である。継続した運動のためには、どうしても記録が欠かせない。「いのちの危機」の時代、未来を生きる参考にしていただきたい。

目次

有機農業運動（草創期）の記録

——熊本県を中心に——

はじめに

3・11東京電力福島第一原発「事件」は、放射能による大気・土壌汚染などの環境破壊、地域社会の崩壊、そして全ての生き物の将来にわたるいのちの危機をもたらしている。このように環境破壊、地域社会の崩壊、いのちの危機をもたらした事件として本県では水俣病事件がある。この二つの事件の共通点は、いずれも国策として進められたこと、いのちより効率・経済優先であったことである。これに近いものとして、あまり注目されてこなかったが戦後の食糧増産政策、その後の農業基本法農政の下で、農薬および化学肥料を多投する農業が推進されたが、その結果、農民と消費者の健康被害や自然環境破壊が起きたことである。

このような状況のもとで、本県ではいち早く、土といのちとくらしを大切にした社会をめざした「有機農業運動」が起きた。この有機農業運動についての現状と課題についてはいくつかの論文はあるが、有機農業運動とは何か、また歴史的位置付けについては少ないように思われる。

そこで、有機農業運動とは何か、また歴史的位置付けを明らかにするため、熊本における有機農業運動が起きた歴史的背景と当時の有機農業運動の成立過程（草創期）を明らかにする。

1. 有機農業運動が起きた歴史的背景

（1）農業基本法農政と農業・農民

①全国の状況

日本農業がめざす将来方向と目標を示すいわゆる「農業の憲法」といわれた「農業基本法」が公布されたのは、農業と他産業の所得格差が急激に拡大していく高度経済成長の真っただ中の一九六一（昭和三六）年であった。この法律の目標は、農業と他産業との生産性格差の是正と農業所得（生活水準）の均衡を図ることだった。この目標達成の手段として①農業生産性の向上、②農業生産の選択的拡大、③価格安定、④農業構造改善を掲げた。また、この農業基本法の最大の特徴は兼業化を拡げつつある零細的農業を構造改善政策によって改革しようとする点にあり、その具体的手段として、農業経営だけで自立しうる農家の育成、つまり「自立経営」を育成し、これを補うものとして「協業」の助長を図る点にあった。

さらに、基本法農政の理念として、近代合理主義思想（機能性、経済性、効率を追及）の農業への適用であり、つまり、工業の論理を農業に適用したことである。

第１表　世界の地域および国々における農薬有効成分の1*ha*当り投入量と主要食糧作物の収量の順位

地域または国	農業有効成分1*ha*当り投入量（*gr*）	順位	主要食糧作物の平均収量 *kg/ha*	順位
日本	10,790	1	5,480	1
ヨーロッパ	1,870	2	3,430	2
米合衆国	1,490	3	2,640	3
ラテンアメリカ	220	4	1.970	4
オセアニア	198	5	1,570	5
インド	149	6	820	7
アフリカ	127	7	1,210	6

（注）石倉秀次氏の作表（1970）による。安松京三著「天敵」190頁より再引用。

図 1-1　農産物国内生産量

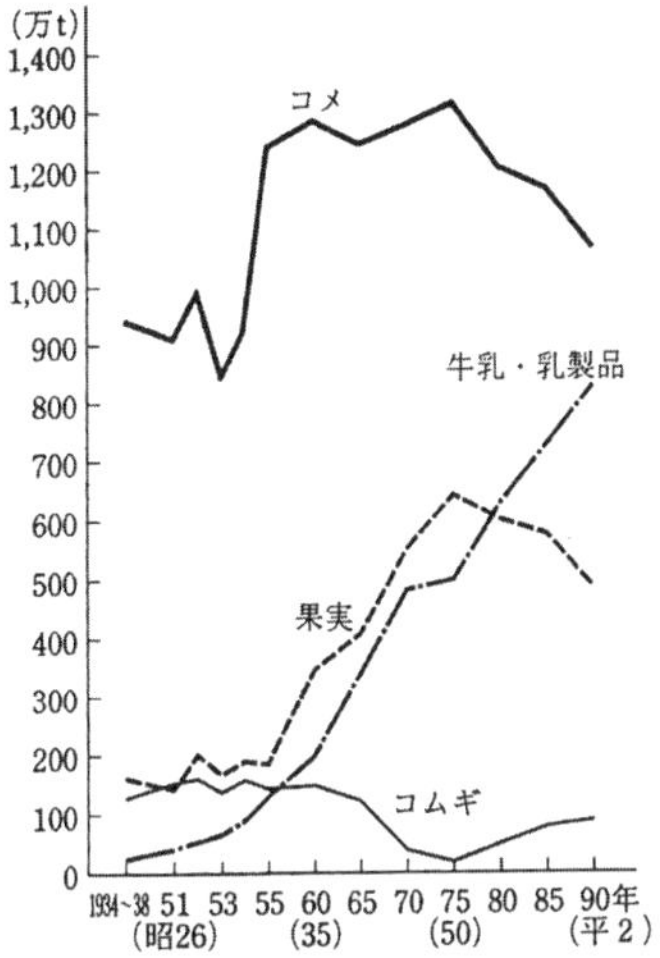

注）農林水産省『食料需給表』より作成。

図 1-2　米作のための化学肥料施用量の推移

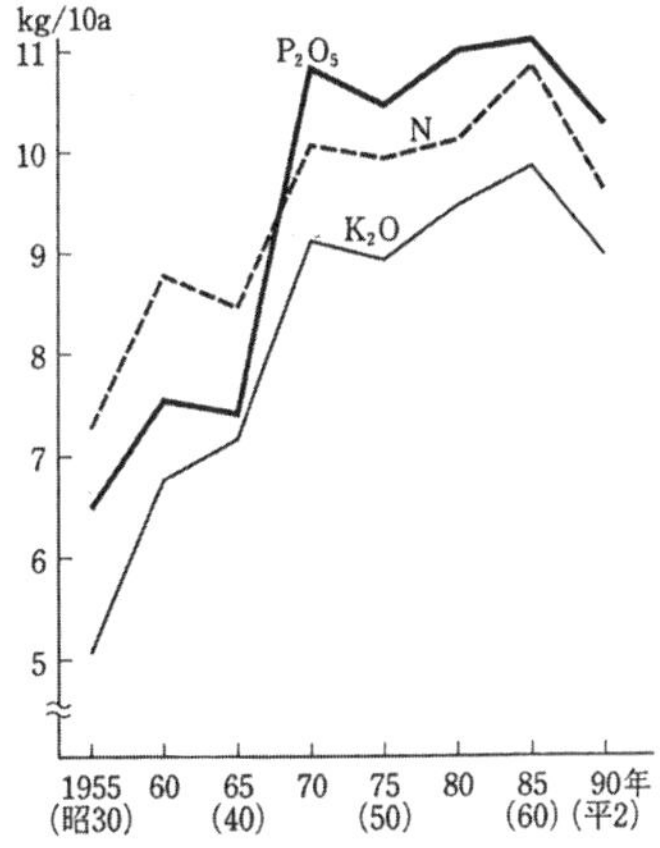

注）農林水産省農林水産技術会議事務局編『昭和農業技術発達史』2巻，水田作編，農文協，1993年，171頁より。原資料は『米生産費調査』。

図 1-3　耕地面積当たり農薬投入量（42 年）

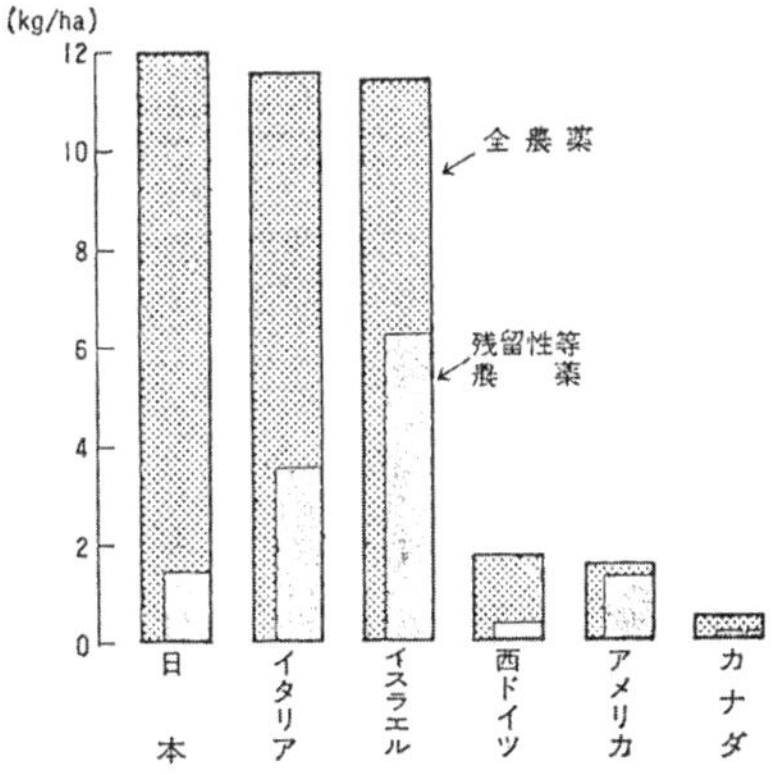

資料：FAO "Production Yearbook 1968"

注：1）ここにいう耕地面積とは，耕地および樹園地 (arable land and land under permanent crops) で，作付中の土地・一時的休閑地・採草地および放牧地・販売用，自家用の菜園・果樹園が占める土地などを含む。

2）残留性等農薬とは，有機塩素剤，水銀剤，有機りん剤などで，残留性農薬，その他安全性からみて比較的問題の発生の懸念される農薬をいう。

図 1-4　農薬生産数量の推移

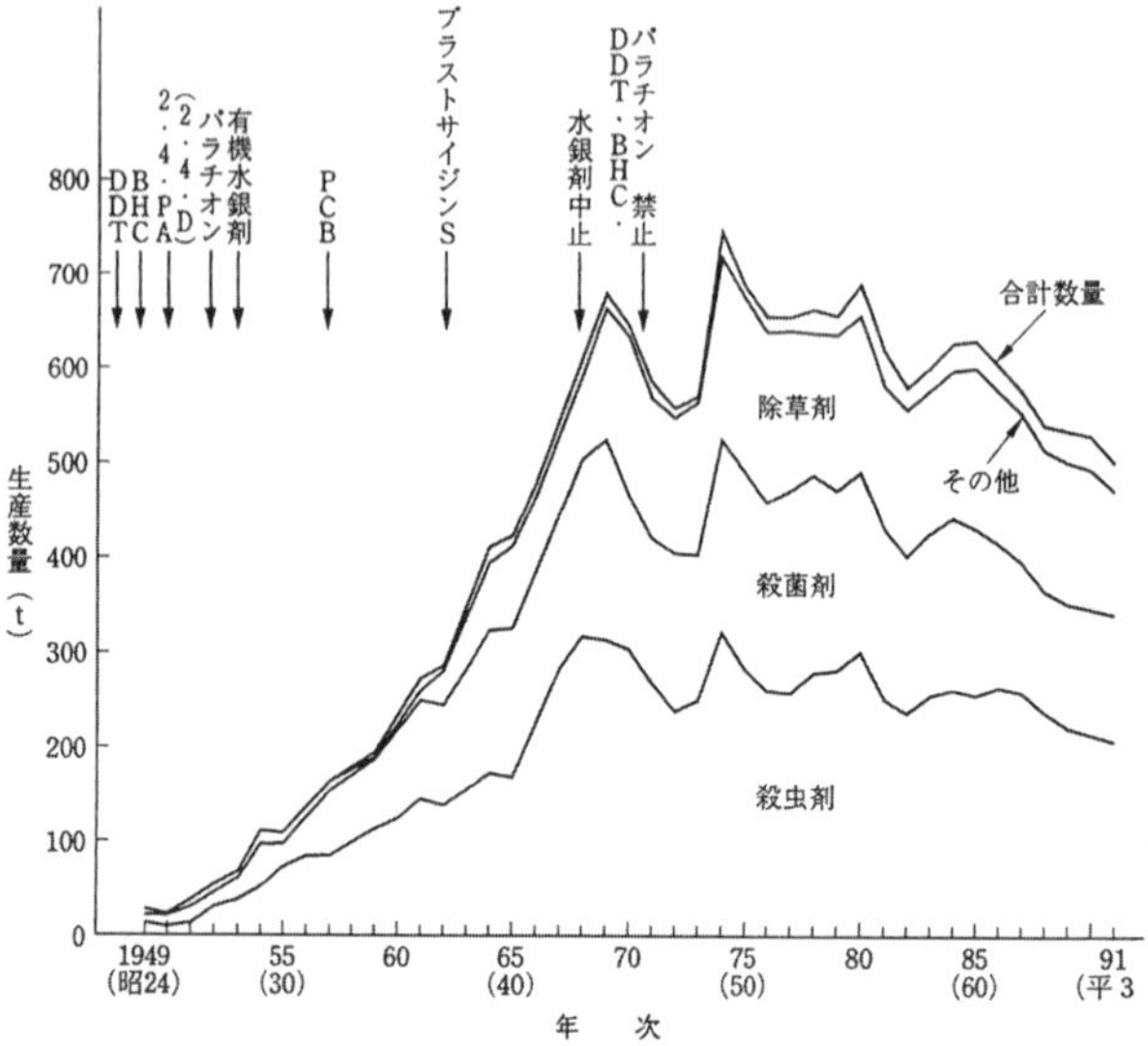

注）出所は図 6 - 3 と同じ。その131頁より。原資料は農林水産省『農薬要覧』。

図 1-5　主な農業機械の普及（農家所有台数）の推移

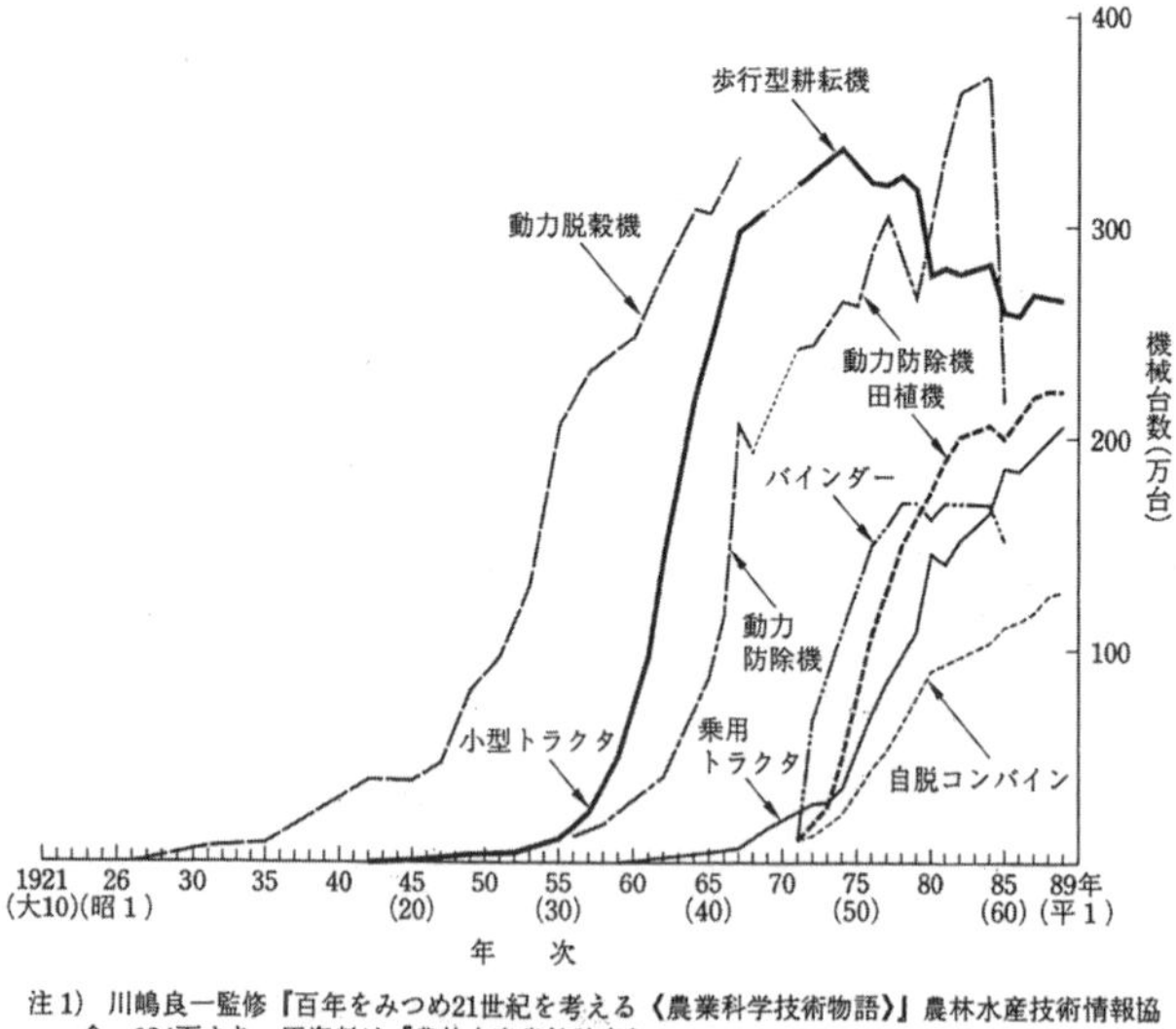

注 1）川嶋良一監修『百年をみつめ21世紀を考える《農業科学技術物語》』農林水産技術情報協会，134頁より。原資料は『農林水産省統計表』。
2）動力脱穀機は1965年以降の統計がない。

表 1-1、図 1-1 ～ 1-5 は、『農業基本法十年』（御茶ノ水書房、1971 年）より転載

①の農業生産性の向上を図るために政府は、化学肥料と農薬の多投による増収と機械化による省力化を強力に勧めた。一方、農家は、生産量の増収は所得増大につながるとともに、省力化は、経営規模拡大と兼業就業を可能にしたため、農薬と化学肥料の多投と機械化に取り組んだ。たとえば、水稲栽培の上で、いもち病対策として有機水銀剤は大きく寄与したため、高知県農試場内の碑文には「有機水銀によっていもち病防除技術が確立し、稲作安定、増収化に大きく寄与した」と顕彰されている（梶井功「農業技術の展開と反省」『農業基本法十年』御茶ノ水書房、一九七一年、一二三頁）。

その結果、表1-1、図1-1～5のとおり、化学肥料と農薬使用は急激に増大した。とりわけ、農薬使用は面積あたりでは世界最大の使用量となった。

このことについて、梶井功氏は、この農業基本法農政一〇年を振り返って、「農業技術の展開と反省」（同上）の中で地上の生物ばかりではなく、土壌中の微生物も殺してしまったと指摘している。

この一〇年間来の農村の食生活でのもっともいちぢるしい変化のひとつに数えていいことだが、どじょうやたにしばかりではなく、農薬散布は受粉を媒介する昆虫すら殺してしまった。子どもを虫がわりに受粉のためにリンゴ園をまわらせなければならぬ、ということになったのである。地上の生物ばかりではなく、土壌中の微生物も殺す。土壌はそのなかにさまざまの微生物を含む生きた有機体として存在し、そういう生きた状態であることによって植物生育の基盤となっているのだが、もうすでにそういう土壌中の微生物までが死んでしまい、そのため投入した堆厩肥も腐熟分解できないところもできている。死んだ土の出現である（一二四頁）。

②熊本県の農業の基本問題と基本対策

（ⅰ）農業基本法以前

熊本県は、戦後の食糧確保のために水稲の増産対策に取り組んだ。一九五三（昭和二八）年には水稲のイモチ病害防除対策として水銀剤が急激に普及している（熊本県野菜園芸のあゆみ編集委員会『熊本県野菜園芸のあゆみ』熊本県野菜振興会、一九八一年、三九七頁）。また、一九五八年、病害虫防除機の整備促進を図るため助成を決定した。

一九六一年一二月時点の熊本県農業調査では、特別に除草剤使用について調査をしているが、標本調査対象農家数一五万六〇〇〇戸のうち除草剤使用農家数は四七％であり、水稲耕作農家数一二万九〇〇〇戸のうち五五％が使用している。農薬種類別には24Dが最も多く九二％、次にＰＣＰは一九％の農家が使用している（『昭和三六年度農業調査結果―熊本県農業のすがた』農林省熊本統計調査事務所、一九六三年、一九頁）。

以上のように、熊本県は、農業基本法以前の戦後間もなくから米増産のために農薬の使用を強力に勧めていることがわかる。

（ⅱ）農業基本法公布以後

熊本県は、一九六一（昭和三六）年七月、「熊本県計画」を発表し、県民の所得の増大を基本方向とし、農業の躍進、工業化の促進、生産基盤の整備、人づくりを中心とする開発計画を打ち出す。農業面では「農業の基本問題と基本対策」により、①生産の選択的拡大と合理化、②企業的農業の育成を掲げた。

（iii）病害虫防除指導要領及び防除基準領

農作物の栽培体系や防除技術の発達から病虫害の発生のしかたが変わり、また人不足から適正防除を誤り病害虫被害がふえるなど、病害虫防除体制の刷新が望まれていた。そこで、農林省は一九六二年、三ヵ年計画で各市町村に病害虫防除基準を設け、防除体制を抜本的に再整備することになり、各都道府県に通達した。その実施要領の要旨は次のとおりであった。

一．ことしから三ヵ年計画で、病害虫防除所ごとに一市町村を選び、県、防除所などが中心になって防除基準モデルをつくる。

一．防除所はこのモデルを手本に、管内の市町村を指導し、市町村ごとの防除基準を作る。

一．防除基準を作るさいは地域の発生状況、防除農機、労力などをよく考え、発生予防情報によって発生地域、防除時期の変動に合った防除ができるようにする。

一．国は指導費の半額を補助、ことしは一県あたり約二万円を公布する。

（「熊本日日新聞」一九六二年八月二日付）

この農水省の通達を受け、熊本県は、病害虫防除指導要領及び防除基準領を制定し、農薬防除の徹底を図った。一九六四年の要領によると、基本方針として農業生産性の向上を目途し、その実現のために病害虫防除体制の確立を掲げている。すなわち、農業基本法のめざす農業生産性の向上対策と重なっている。特に、病害虫防除組織体制の整備強化（市町村防除協議会）を中心課題としている。

さらに、防除指導責任体制の確立として県・市町村・農協など統一した責任を負わせていること、航空防除事業の推進を基幹防除としていることが注目される。

一方、薬害並びに危害防止対策が提案されていることは、すでに農薬による人体被害や動植物被害が発生していることを示している。また、有機燐剤とＰＣＰ除草剤など、第三者に被危害を及ぼす恐れのある農薬は、原則として低毒性農薬に切り替え、防除基準より削除することとしている。ここで注目しなければならないことは、薬害防止策を「義務技術としての向上に努める」と個人の責任にしており、農薬自体に問題があることの認識が低いことである。

（iv）野菜関係の防除

熊本県は、選択的拡大対象作目としてスイカ、メロン、トマトなどの野菜を取り上げ、九州一の野菜生産団地が育成されていく。また、農協は野菜販売方法として、都市に向けた農協共販体制の確立に取り組み、共販原則（大量・継続・均質・良質）を実現するために、農薬と化学肥料の大量使用ならびにハウス施設の設置に取り組んだ。

日本一のスイカ営農団地を造成した植木町農協管内農家の化学肥料と農薬使用量を示したのが、表２・３である。スイカ栽培について、一九七〇年代に入り、急激に増している。

○植木町農家における化学肥料と農薬の使用状況

表２　作物別生産費用　　（単位：千円）

	1953	1954	1955	1956	1957	1958	1959	1960	1961	1963	1964		1970
費用合計	**178**		**149**	**92**	**232**	**286**	**190**		**330**	**380**	**567**		**1279**
（肥料費）	**(54)**		**(40)**	**(40)**	**(69)**	**(66)**	**(67)**		**(98)**	**(82)**	**(114)**		**(181)**
うち水稲	5		5	5	5	6	4		8	5	7		16
うち西瓜			3	3	9	12	1		31	24	41		129
うち白菜					21	29	21		21	29	43		15
（防除費）					**(19)**	**(11)**	**(8)**		**(25)**	**(14)**	**(28)**		**(144)**
うち水稲					1	3	1		3	1	2		17
うち西瓜					1	1	1		4		7		111
うち白菜					5	5	5		9	11	12		13

（注）植木町農業協同組合『T家における農業経営の戦後展開』（熊本県農業協同組合中央会、1981年）pp.82-94より作成

表３　Ｔ家の農薬使用金額（1964年）　（円）

	トマト	西　瓜	ぶどう	水　稲	白　菜	計
クロールピクリン	5					
ウスプルン	(　)					
マンネブ	4	17	3			
ダイセン	12	(　)				
デープ剤	2					
石灰硫黄合剤			(　)			
クロン			(　)			
ＥＰＮ				3		
ＢＨＣ				(　)		
エンドリン					15	
アラリン					10	
エルサン					10	
金額合計	5,640	7,060	1,940	1,920	11,840	28,400

（注）植木町農業協同組合『Ｔ家における農業経営の戦後展開』（熊本県農業協同組合中央会、1981年）P105より作成

③農民の農薬被害

戦後の食糧増産、その後の農業基本法農政の下で農薬多投の農業生産が行なわれた結果、農民が直接、農薬被害を受けることになった。

熊本県の事例として、（ア）からは、農薬使用が最初から政府―県―市町村―小組合とつながる行政機関を通じて行なわれた経過が注目される。そして、身近なところで急性中毒が起き、その責任が自己責任に帰せられたことである。

（イ）から分かることは、熊本県や農協組織が農業振興として勧めた野菜のハウス栽培農家でいわゆる「ハウス病」が起きたことである。また、ハウス栽培が農民の健康に悪影響を与えていることが分かっていながら、農民は農業所得を確保するためにはどうしても続けねばならない事情があったことである。

熊本県全体の農民の健康状態については、表4のとおり一九六〇年代後半以降、急激に健康が悪化（再検査および治療が必要）していることである。このことはビニールハウスによる野菜栽培が急激に増加していく時期と重なることに注目しなければならない。

一方、全国的な農薬中毒として表5：有吉佐和子『複合汚染（上）』（新潮社、一九七五年、一八〇頁）によると、ホリドール（別名パラチオン）被害は長期にわたっている。ホリドールは、水稲防除として使用され、使用が中止されたのは使用が始まって二〇年後の一九七二年であった。

農業基本法農政の下で農薬被害については、表6のとおり一九七〇～一九七九年が多いが、その後次第に減少はしているが、急性中毒の割合は増加していることが注目される。

（ア）農薬被害についての聞き取り（二〇〇三年六月一日）

〈美里町の上村勝敏さん（七七歳）〉

区長さんが農家小組合のみんなを集めて、「政府と県が無料だからこの農薬を使って下さい」と話された。今から考えると、自分たち農民は実験台にされたのではないか。農水省は無登録農薬を言う前に、過去にやったことをまず反省してほしい。

当初、ホリドールの散布は小組合単位で集団防除が行なわれた。農民はタオルをマスクがわりにし、裸足の人も多かった。確かに、反当り二俵程度の増収になった。しかし、目まい、吐き気、倦怠感、さらに急性中毒で亡くなる人もでてきた。年禰村（現在、美里町）のＳ・Ｉさんは、昭和三八年七月中旬、午後三時ごろホリドール粉剤を散布し、夜、意識を失くされ、そのまま亡くなられた。家族は怒りや不満をどこにも持っていきようがなかった。

（イ）西日本新聞「いのちを守る・熊本のこころみ」（新しい医療を創る会資料第一集、一九七一年二月）

〈Ｙ・Ｔさん（三八歳）山鹿市〉

「私ゃ、ビニールを発明した人をうらみますよ」農村婦人の健康診断のある会場で竹熊宜孝医師（三六）に聴診器をあててもらいながら、中年のおばさんがポツリと言った。

「農協が所得をあげるには、ハウスが一番、と教えてくれて、飛びついたんです。隣の家もやるし負けちゃおれんので。ゼンソクがひとつもなおらん…ひどくなるばかしで」―問わず語りに語る女の口からは「どうして、ビニールなんか発明したんですか」といく度もうらみ声が出てきた。

メロン、スイカー都会向けの促成、抑制栽培がもっとも盛んなのは山鹿地方。山鹿とうろうで名を知られた町である。

村で、働き者の嫁といわれたY・Tさん（三八）も二〇アールのハウスでメロンを栽培していた。米づくりが頭打ちになり、冬の裏作にうまみがなく「ハウスでも」と手をかけた。ご主人は大型トラックの運転の〝出稼ぎ〟。働き者夫婦だった。ところが、年中かかんだハウス中の農作業、高温多湿のハウスの出入りは、冬と夏の季節がわりを一日四〇回もからだがくりかえすことになる。その変化にからだがついてゆけなくなる。農閑期がなくなって、慢性疲労状態にあるので、まいってしまうのだ。ハウスの中は散布農薬がこもっている。頭痛、めまい、腰や肩の痛み…〝ハウス病〟と言われる症状が出てくる。

Y・Tさんも、〝ハウス病〟に落ち込んでしまつた。熊本大学医学部付属病院に入院した。「もう、ハウスはやめなさい」とY・Tさんは医師に言われ、決心した。しかし、不運はついて回るもの、そのころ、ご主人も長距離トラック運転の過労がたまって肝炎で倒れた。Y・Tさんは、いま「ことしの冬もハウスを続けなければ…」と思っている。

（『西日本新聞』一九七〇年）

（ウ）　農村健康調査結果

表4　健康調査総合成績

判定区分	1967年（昭和42）	1968年（昭和43）	1969年（昭和44）
1．異常ありません	199名（15.2%）	111名（9.2%）	75名（6.8%）
2．僅かに異常を認めますが、日常生活には差支えありません	59名（4.5%）	65名（5.4%）	24名（2.2%）
3．日常生活上注意したほうがよろしい	484名（36.9%）	254名（21.2%）	225名（20.5%）
4．病気の心配がありますので、今後様子をみていくか、もっと詳しい検査が必要です	302名（23.0%）	382名（31.9%）	413名（37.6%）
5．治療を必要とします	267名（20.4%）	389名（32.4%）	363名（33.0%）

『熊本における農村医学研究の現況』（熊本農村医学研究会、発行時期不明、恐らく1970年頃と推測される　P6）

表５　有吉佐和子『複合汚染（上)』(新潮社、1975年、P180)

・ホリドール（別名パラチオン）被害

年　度	中　毒 (死に至らないもの)	事故死	自　殺
1953年（昭和28）	1564人	70人	121人
1954年（昭和29）	1887人	70人	237人
1955年（昭和30）	899人	48人	462人
1956年（昭和31）	708人	86人	900人
1957年（昭和32）	570人	29人	519人
1958年（昭和33）	816人	35人	522人
1959年（昭和34）	484人	26人	470人
1960年（昭和35）	537人	27人	468人
1961年（昭和36）	564人	32人	470人
1962年（昭和37）	304人	25人	420人

表６　期間別・農薬中毒（障害）臨床例の疾患分類（日本農村医学会）

（　）内・%

疾　患	1970〜1979	1980〜1985	1986〜1989
急性中毒	824　(48.3)	479　(64.6)	494　(77.6)
皮膚障害	682　(39.9)	238　(32.1)	127　(19.9)
眼障害	90　(5.3)	15　(2.0)	10　(1.6)
鼻・咽喉障害	16　(0.9)	10　(1.3)	1　(0.2)
その他	95　(5.6)	0　(0.0)	5　(0.8)
合計	1,707 (100.0)	742 (100.0)	637 (100.0)

（注）松下敏夫「わが国における農薬中毒（障害）臨床例全国調査（1966〜97)」『日農医誌』49巻2号 pp.111〜127、2000年7月）より作成

④自然環境被害

農薬の環境への被害は有明海・不知火海などの魚貝類被害として顕在化した。特に、農業基本法農政の下で取り組まれた生産性向上を図る除草剤の航空散布による被害が大きかった。

（ｉ）除草剤ＰＣＰによる被害が発生

一九六一（昭和三六）年六月一七日、八代郡市の漁協（八代市、昭和、千丁、文政、鏡町、和鹿島、竜北の七組合）の総会を開いてＰＣＰの散布を禁止してもらう決議を行ない、同地区の各農協長と話し合った。しかし、話し合いがつかず、県と県漁連を訪れ、「漁民に補償しない限りＰＣＰの使用は絶対に禁止してもらいたい」との決議文と要望書を提出した。要望書によると、昨年から農家が使用している除草剤ＰＣＰは効果が著しい反面、大雨などで内水面や内海に流れ込み魚貝類を死滅させている。例えば、昨年（一九六〇年六月）八代郡文政地先に赤貝の稚貝をオート三輪四台分を養殖したが、ＰＣＰの被害を受けて全滅、またハマグリ、アサリ貝なども被害を受けたという（「熊本日日新聞」夕刊、一九六一年六月一七日付）。

一九六二年八月三日、除草剤ＰＣＰの被害を受けて困っている熊本市沖新、小島の漁民約一二〇名が、除草剤ＰＣＰの製造禁止、損害補償を要求して大会を開き、熊本市、熊本県に陳情を行なった（「熊本日日新聞」夕刊、一九六二年八月三日付）。そのため、熊本県農林部は農薬災害が発生したのでＰＣＰの使用を禁止した。

（ⅱ）農薬空中散布による影響で有明、不知火海の魚貝類に被害発生

一九六五年九月、熊本市沖新、小島の漁民三〇〇人は、熊本市農協が実施した航空防除（ＳＢ水銀混合粉

PCPの損害補償を

熊本　沖新、小島の漁民が陳情

農薬PCP散布による漁業被害を受け困っていた熊本市沖新、小島両地区の漁民約百二十人は、三日午前九時半同市花畑公園に集まり漁民大会を開いたのち同十時半熊本市役所に向かい、うち同市沖新住方義明さんら代表二十一人が市長室を訪れ田代助役、林田局長、前田同次長、市農務水産課長らに陳情した。

漁民たちは生活の窮状を訴えたあと❶一人当て三千円の支給❷生活保護申告者全員に対する扶助❸これらの早急実施—の三項目の決議文と❶PCPの製造、販売を禁止するよう政府当局を促してもらいたい❷損害補償をできるだけ早く措置してもらいたい❸その日の生活にも困る零細な漁民にある零細者に生活保護法の適用を❹続けて企業に追い打ちをかけるような有明海の鉄の汚鉄採掘を停止するよう❺漁場回復のための稚貝のまき付け事業の助成を即時実施してほしい、などを盛り込んだ陳情書を田代助役に手渡して、これに対して助役は市長が帰りしだい早急に善処すると答えた。なお一行は、このあと県庁を訪れ県に漁業三カ年の水揚げ金に匹敵する補償をしてもらいたいなどの陳情を行なった。

ＰＣＰ漁害で陳情する沖新、小島の漁民たち（熊本市長室で）

（「熊本日日新聞」夕刊、1962年8月3日付）

剤の散布、七月二九日、八月二六日）によってハマグリ、エビなど魚貝類が全滅、三億円の被害が出たと県・市・農協に対して補償と今後の対策について陳情した（九月一〇日）。その後、航空防除の被害が八代市の八代、文政、宇土市の網津、網田、天明村の海路口、川口など拡大した。県下水田約八万ヘクタールにヘリコプターで散布。ＳＢ水銀混合粉剤の散布量は一ヘクタール当たり約三〇キロからすると全部で二、四〇〇トンという相当大量になる（「熊本日日新聞」一九六五年九月一一日付）。

県漁連と県経済連の話し合いを行なったが、県経済連は農薬散布が原因ではないと主張した。県漁連は、農薬の散布を指導したのは県であるので、県にも責任があると主張した。県は、当初農薬害を疑問視した。県漁連は寺本県知事に斡旋を依頼した。寺本県知事は、九月一四日午後記者会見を行ない次のように語った。「きょう（一四日）午後、県漁連から井出会長以下代表が県庁に見え、魚貝類の死滅の状況について説明があった。原因は航空防除による農薬の被害と信じているということだった。一九六二年のＰＣ

P問題では漁協と農協の意見が一致したので農林省に農薬害補助を認める対策をとって解決したが、こんどは農協が農薬害ではないと意見が対立しているため、まず農協と話し合ってほしいとお願いした」(「熊本日日新聞」一九六五年九月一五日付)。

県は、その後対策本部を設置し、その調査にあたった。

一方、県経済連がSB水銀剤に一因があることを認めたため、県漁連と魚貝類被害問題で合意にいたった。そこで、両者で国に補償要求(国が、SB水銀粉剤が水産動植物に与える影響についてじゅうぶん科学的試験が行なわれていなかったことを理由として)を行なった(「熊本日日新聞」一九六五年九月一九日付)。

さらに、翌年の一九六六年七月にも有明海・緑川流域で魚貝類に被害が発生した(「熊本日日新聞」一九六六年七月三日付)。

このように、一九六一年以降、農薬散布によって有明海、八代海にわたる広い範囲で魚貝類に被害が及んだ。

(2) 反公害運動の影響

一九六〇年代の高度経済成長政策のもとで、多くの公害問題が発生した。とくに、熊本県では水俣病事件が起き、県民は環境問題に関心が高まったことが充分推測できる。農薬による被害が多発する中で、環境を考え、農薬や化学肥料を使用しない有機農業に取り組むことになったことが充分考えられる。水俣市の中にも、水俣病の教訓を踏まえて「農薬は毒である」ことを会員共通の痛みとして、「反農薬」「有機栽培」「自主販売」を柱に、一九七九年六月、「水俣・反農薬連」が設立された。

また、現在、御船町で有機農業を営む緒方意一郎さん（六八歳）は、カネミ油症の問題を知り、告発する会に入会後、公害問題や社会問題は、社会の構成員の一人として、まず自分の在り方を問うべきだと考える。そして「公害にあまり関係のない生活をするためには、有機農業しかなかったわけです。」と述べている。

このように、反公害運動の影響が大きかったと考えられる。

○緒方意一郎「有機農業のすばらしさ」『生命のみなもとから』（熊本日日新聞社、一九八一年、一六二頁）

自主講座でやられている公害問題ですね。それに類したいろんな社会問題を実際自分で体験してみて、このままじゃいけんのではないかなあと思い、運動をやっとったわけです。その運動というものは、体制側に対して反抗するだけで、一向にらちがあかん。らちがあくようにするにはどうしたらよいだろうかと考えて、社会という村や町というのは一つの家から構成されている。一つの細胞から少しずつ直していかないと、こんな大きな問題はよくならないのではないかという結論に至りまして、公害にあまり関係のない生活をするためには、有機農業しかなかったわけです。

（3）農民の健康意識の変化

①熊本農村医学研究会と新しい医療を創る会の設立

農薬と化学肥料の多投によって、先に見たようにいわゆる農婦症、ハウス病など農民特有の疾病が表面化してきていた。そこで、関係者は、当時すでに研究・治療が進んでいた長野県佐久総合病院の若月俊一院長（日本農村医学会会長）を講師として依頼し、一九六〇（昭和三五）年、「農家の健康」について講演を開催した。この講演会を契機に農村医学について関心が高まり、熊本農村医学研究会の発足につながっていったものと考えられる。

熊本農村医学研究会は、一九六三（昭和三八）年、熊本大学、県保健所、農業改良普及所、市町村、農協関係者、開業医など約一五〇人が集まり発会した。趣意書には「田や畑の間で小さな村の診療所、農家の薄暗い灯りの下で、保健所の片すみで、村の公民館で、日夜農民とともに農民の疾病を治療し、予防し、農民に呼びかけ、農民の健康を増進しようと努力している人が多くいます。にもかかわらず、医療制度のワク外にある人々、自らの健康を消耗しつつ日々の暮らしを支えている人々は、なぜ今日、発展しつつある医学の実りを自らのものにすることができないのでしょうか」といっている。

このように地域医療の課題解決に向けて取り組まれる中で、熊本大学医学部の若い医師を中心に、地域住民の間から「新しい医療」を創ろうとする運動が盛り上がり、県内はもちろん日本全国の注目を引くことになった。その中の一人として後の熊本県有機農業研究会の発足に尽力された竹熊宜孝氏（現在、菊池養生園名誉院長）がいた。

自らの健康は、自ら守る予防医学をめざした「新しい医療を創る会」が、一九七〇（昭和四五）年一一月二九日に発会した。新しい医療を創る会代表運営委員、元熊本大学学長・六反田藤吉氏は、「新しい医療を創る会が地域住民の疾病治療体系から、さらに進んで疾病の発生抑止―予防にまで幅広い活動を行なうことによって地域住民の福祉がいっそう増進してゆくことは疑いのないところであり、時代を画するこの仕事が、円滑な発展をとげることを期待し、江湖の理解と一段の協力を希望するしだいである」と述べている（六反田藤吉「病める医療の軌道修正」『いのちを守る―熊本のこころみ』資料第一集、新しい医療を創る会、一九七一年二月）。

新しい医療を創る会は、医・食・農部会を中心として活動を展開する中で、医については熊本健康管理協会の発足をみた。一方、命と健康の元は食べものであり、その食べものの農薬汚染が急激に高まっており、その対策として有機農法が提唱され、後に熊本県有機農業研究会の設立につながった。

②農協の健康管理活動

農協における健康管理活動が盛り上がったのは一九七〇年代である。当時、農村女性が献血をすると、血液の比重が足りず、多くの方が不合格になった。そのため、熊本県農協中央会と熊大医学部公衆衛生学教室と協同して農協組合員六、六〇〇人の健康調査をやった。その結果は「これでよくも農作業ができたもんだ」といわれるように、貧血・皮膚かぶれ・農薬中毒などが多発し、また寄生虫などが見つかった。とくに、働く農村婦人は悪く、まさに貧困と女性差別にあえぐ農村婦人のおかれた社会的存在そのものだった。

このような中に、農協婦人部（現在、JA女性部）は立ち上がり、一九七〇年七月、市民会館で開催された「新しい医療を創る県民の集い」で「なして自分たちだけが健診を受けられんとですか。差別ではなかですか」（小山和作『いのちの予防医学』熊本日日新聞社、二〇〇〇年、一七四頁）と意見を述べている。このことを契機として、農協婦人部は、県や医師会、大学、農協などを動かした。

この農協婦人部が、農協を動かし、健康管理活動の取り組みの契機になり、健康教育担当者養成五一〇名、そして「健康手帳」の配布など健康教育活動や健康診断活動が盛んになっていった。この農協健康管理活動も有機農業への関心を高めることにつながったと考えられる。

③農民の意識の変化

有機農業を営む農民に、なぜ有機農業を始めたか、その動機について聞き取りを行なった。内田『有機農業運動の源流を訪ねて』（二〇〇九年）（本文七六頁参照）を整理すると主な理由は次のとおりである。

（ⅰ）農薬と化学肥料を多投する近代農業に疑問を持つ

農薬散布が農薬中毒など人体や環境に悪影響を与えること。また化学肥料の多投が土を硬くし、作物の生育によくないことを学び、近代農業に疑問を持った。

（ⅱ）中山間地の再生・自立をめざす

高度経済成長政策のもと、中山間地が過疎化する中で、何とか地域農業の再生を図るとともに、市町村や農協に依存するのではなく、そのためには有機農業で中山間地の再生・自立をめざす。

（ⅲ）いのちを大切にした生き方として

農業を営む目的が〝儲け〟ではなく、〝人のいのち〟の支えとなる食べ物を生産したいという人としての生き方から有機農業をめざす。

この〝いのちの視点〟で影響を与えた一つとして愛農会の思想があったことが注目される。次の吉見富夫さんは、清和村（現在、山都町）で一九六〇年より有機農業を営んでいる愛農会員であり、有機農業を営む根底には〝いのちの視点〟がある。

○吉見富夫（清和村）「土に生き、人を愛す――熊本県愛農会」

この会は終戦直後の昭和二〇年一二月、和歌山県の一角で産声をあげました。創始された小谷純一先生の胸には「人類社会から戦争という悲惨をなくしたい」、「愛する日本農村を愛と協同の明るい、住みよい、豊かな農村にしたい」という二つの祈りが燃えていました。以来三〇年間、自主、独立、愛と協同の愛農精神をもった人づくりによる物心共に豊かな家づくり・村づくり・国づくりをスローガンに今日まで歩んできたわけです。

（中略）愛農会は、単にお金儲けのためにだけ農業をやるのではなく、一億の国民の生命と健康を守る仕事と確信して、農業に誇りと喜びと使命感を感じて取り組む農業者を育てあげることに全力を注いだわけです。（中略）現代、愛農会が真正面から取り組もうとしている課題は、第一に国民の生命と健康を守るため、農薬の毒に汚染されない正しい食物を生産するためにはどうしたらいいのかという農業の質の問題、第二には少なくとも国民食糧の八割以上を自給生産し、これを長期安定に提供するにはどうしたらいいかという量の問題です。（中略）愛農会は、困難な無農薬農法、自然農法に取り組もうとしております。そして今後も愛農運動の大きな柱は経済価値観から生命価値観に転換させられた人づくりにあると思います。「新しい医療を創る会」の生命を守る運動の前進は愛農会の願いであり、食糧の生産者として参与していきたいと願っています。

（『新しい医療を創る』一九七四年六月二五日）

また、清和村（現在、山都町）で長年有機農業を営んでこられた古賀綱行さん（一九一九年生まれ）は、次のように人間は自然の一員として自然と共に生きていく、「土から生まれ土に帰る」考え方が有機農業に向っていった動機と考えられる。

○古賀綱行さん

私は何時も泥にまみえる足の感触と、雑草と野菜の手に触れるその感触をば、生きがいとして楽しんでいる。自分の為の健康づくりに大いに役立っている。人がやるから真似するのじゃなくて、自分なりに作りだし、面白いことを待つのではない。自分で見つけ出すことに生きがいがある。…

私は過去にこだわらず、昔の道長き体験を参考に、朝目覚めた時点に始まり、無事一日が終わったときが人生かと思う。又これの繰り返しでもある。

精一杯人の為になると、又自分のためにも充分なっていた事が良く分かる。…

生まれた以上は、自然植物を栄養として生きて行く。年につれ最後は、自然の掟に従がって土にかえって行き、植物の栄養源と化す。自然界皆良く出来ている。

動・植物あらゆる物を食った其のお礼に、又自分のすべての栄養をお返し申し上げて消えて行くまでのことだ。

（古賀綱行『自然と生きる野菜づくり』協働企画、一九八四年、一三六 - 一三七頁）（六五歳）

（ⅳ）有機農業に共感する仲間

いのちと食べもの、環境、そしていかに有機農業が大切であるか、共感し合える農民の仲間、家族が多くいたこと。

（ⅴ）消費者との交流・学習・相互支援

農民は、新しい医療を創る会や愛農会などの活動を通じて交流し、学習する中で、消費者の有機農業への理解が深まり、消費者は有機農業を営む農民への支援がはじまった。

④消費者の意識の変化―消費者・生協運動の目標

有機農業運動に積極的に関わった消費者は、昭和四〇年代、作家・有吉佐和子が農薬の害、食品添加物問題などをテーマにした『複合汚染』上・下（「朝日新聞」）に強く影響を受けたという。

田上チジ子さん（「熊本有機の会」一九三四年生まれ）は、熊本市が開いた「消費者講座」に参加する中で、化学肥料・農薬多投の農産物がいかに問題であるかを学んだという。また、佐藤玲子さん（「学校生協」一九三六年生まれ）は、「私は肝臓障害のため、とにかく健康に良い野菜が欲しかった」。同じく、森連子さん（「はこべの会」一九二五年生まれ）は、「子どもが小児喘息のため、本当に安全な食べ物が欲しかった」と話される。

このように、消費者は、新聞や消費者講座などで化学肥料・農薬多投の農業が多くの問題点を含んでいることを学ぶとともに、自分の健康、とくに子どもの健康を考えて有機農業に関心が向い、やがて消費者・生協運動の目標になったと思われる。そして、有機農産物を欲する消費者と生産者を結びつけたのが熊本市で開催された「命と土を守る熊本県大会」（昭和五〇年三月一六日）であった。

左より森連子さん、佐藤玲子さん、田上知事子さん

（4）中山間地農業・農村の危機

高度経済成長政策は、都市と農村、工業と農業との所得格差をもたらし、表7のとおり、兼業化が進んだ。とくに、中山間地域では兼業化、出稼ぎが進むなど農業の危機を迎えていた。表8は熊本県における有機農業の発祥の地である矢部町（現在、山都町）の出稼ぎ状況である。

表７　専兼別農家数

（戸）

		1955 年	1960	1965	1970	1975	1980	1985	1990＊
九州	総農家数	1,011,600	1,046,423	962,610	902,811	812,214	745,756	688,539	446,874
	専業農家	395,525 （100）	415,314 （105.0）	265,910 （67.2）	197,284 （49.9）	154,456 （39.1）	154,167 （39.0）	157,618 （39.9）	113,852 （28.8）
	第１兼	366,640	319,704	329,061	296,770	219,497	173,385	136,603	94,250
	第２兼	249,435	311,405	367,639	408,757	438,261	418,207	394,318	238,772
熊本	総農家数	166,770	167,017	156,655	148,999	135,487	124,457	114,423	78,992
	専業農家	94,460 （100）	75,453 （79.9）	51,101 （54.1）	38,869 （41.1）	31,443 （33.3）	30,529 （32.3）	28,529 （30.2）	22,389 （23.7）
	第１兼	56,895	47,583	53,573	50,966	39,912	32,330	27,005	19,729
	第２兼	37,565	43,981	51,981	59,164	64,134	61,598	58,889	36,874

（注１）農業センサスより作成
（注２）＊販売農家

表８　矢部町の出稼ぎ状況（1965 年）

戸、%

	総農家数	専　　業	第１種兼業	第２種兼業
	2,356 戸	1,044	892	420
出稼ぎ戸数	180 戸（7.6%）	—	136（15.2）	44（10.5）

（注）『1965 年中間農業センサス　農家調査結果概要』熊本県企画統計調査課、1965 年より作成

このように中山間地農業・農村の危機を迎える中で、なんとか危機を乗り越えていくために有機農業による農業・農村の再生が模索されたのではないかと考えられる。矢部町の三ヶ、松尾部落が早くから有機農業に取り組んでいる。

第三回全国有機農業大会（一九七七年一一月一九～二〇日に矢部町で開催）案内文に掲載された奥田美和子さん（御船町）の詩は、そのことが読み取れる。

村よ、よみがえれ

熊本県御船町　奥田美和子

私の心に広がる青写真
それは、もう一度村がよみがえること
私は、田園に生活しながら、もう久しく
野辺の草花に心を向ける、そんな余裕さえも
失っていた
狂ったような汚流にのまれ
金もうけのために走り続けていたことが、
立ち止まった今、ようやくわかった
大事なものは踏みつけ切り捨てて
からっぽの心で動き続けてしまった

だのに…
大自然の恵みは年々歳々、静かに、しかも
確実に続いている
春には春の花を咲かせ
秋には秋の実を与えつつ
もう一度
この土のぬくもりにかえりたい
出稼ぎなんか行かなくてもいい
大農も小農も、みんな豊かに生きられる
そんな村につくりかえたい
農村を守ることが、国をまもる…
そう固く信じて
日本に合った農業を、みんなのために
私たち　みんなのために、考えだしていきたい

2. 熊本県における有機農業運動の発生と展開（草創期）

（1）矢部町農業協同組合の取組み

熊本県において有機農業を運動的に展開したのは、上益城郡矢部町農業協同組合（現在、ＪＡかみましき矢部支所館内）であった。そこで、有機農業に積極的に取り組んだ矢部町農協・佐藤明雄組合長の考え方と実践を検証してみたい。

①生い立ち

佐藤明雄組合長は、一九一〇（明治四三）年一二月二五日、熊本市に生まれる。九州学院中学から、養父の「農村に居る以上農業を知るために矢部農業学校に学べ」の勧め（本人は至上命令と書いている）で試験を受け、一九三〇（昭和五）年、矢部農業学校に転校している。翌年、熊本教員養成学校に入学し、卒業後、軍隊に入り、敗戦を朝鮮で迎えた。帰国後は一時、引揚者援護局の仕事を勤めた後、矢部町に帰り、戦後の農協発足に関わり、二八歳の若さで矢部町農協組合長に選ばれた。矢部町農協は発足間なく経営的に困難を極めたが、佐藤組合長は、農協運動のリーダーとして再建に取り組んだ。とくに、有機農業の取組みは画期的であった。

佐藤組合長は、一九七四（昭和四九）年、熊本県有機農業研究会の初代会長に就任した。佐藤さんの会長就任について、池崎喜一郎（元熊本県農協中央会農政部長）さんと竹熊宜孝（菊池養生園名誉園長）さんとがあたった。池崎さんは、佐藤組合長がふさわしいと考えた理由として、自分でも農薬を使わない、化学肥料を使わ

第19回熊本県農協婦人部大会資料（1973年10月5日）
左：佐藤組合長

ない農業を実践していたこと、佐藤組合長は矢部町農協の総会や理事会でなぜ農協は有機農業に取り組まなければならないかを話していたこと、また、農協中央会総会でも中央会会長に「農薬と化学肥料を多投すれば土が死に、人間の健康を害する農業についてどう考えているのか」と質問したこと、さらに、当時県下の農協長の中でもリーダーシップと人徳があったことを上げている。

一九九四（平成六）年七月四日、農民、農協関係者、とくに有機農業を営む農民から惜しまれながら八三歳で亡くなっている。

②佐藤組合長の考え方と実践

（ⅰ）農協運動と有機農業

矢部町農協管内で有機農業の発祥地となった松葉会（現在、山都町大字三ヶ字松尾）で有機農業を営む松本友徳さんは農協の通常総会で、佐藤組合長の考えと行動に学び、励まされたと次のように書いている。

> 今年度の矢部農協の通常総会で佐藤組合長は、有機農業の問題を提案され、その中で、農協は、農薬は売れなくてもよい、人の健康が、命が大切であると強調されたことを思い出します。農協がこの問題を早く取り上げ、指導しておられる点も、非常なる教訓と会員の野菜作りに役立っていることは言うまでもありません。

（『熊本県有機農業研究会会報』熊本県有機農業研究会、一九七六年九月一五日）

また、当時、矢部町農協で参事をされており、佐藤組合長とともに、有機農業を普及・推進した村上栄一（現在、山都町大字三ヶ字松尾）さんは、佐藤組合長と一緒に「新しい医療を創る会」（一九七〇年一一月発足、初代代表・熊大医学部教授・六反田藤吉氏）などで学習する中で、佐藤組合長は、次のように農業や農協のあり方に疑問をもったと話される。

多くの農薬を使った農業で、一番先に被害を受けるのは農民だ。農協は水俣チッソのように訴えられるのではないか。今のような農薬を多く使った農業でよいのか。また、農協は農薬を売ってよいだろうか。そこで、組合員や消費者の健康を守るのが農協の使命ではないかと考え、組合長を先頭に集落座談会を開催し、有機農業の大切さを説いて回った。

（内田『有機農業運動の源流を訪ねて～熊本県有機農業研究会を中心に～』二〇〇九年、三一 - 四頁）

（ii）有機農業の意義

佐藤組合長は、有機農業の意義について、次のように述べている。

物のやり取り、物の売り買いではなく、（鹿児島の消費者は）有機農業生産者に感謝していらっしゃるところが、本当にすばらしいと感じたのであります。

実は、鹿児島の方も看板に、熊本県有機農業三ヶ松葉会の野菜と書いてあり、熊本の生産者と鹿児島の消費者のしっかりしたつながりの姿を目の前にして、これこそ本当の有機農業の意義であろう、重要な根本問題であろうと深く感動したのであります。

物や金の時代から今後は不足する時代がくるのであろうと考えている訳でございます。そういう時こそ、本当の心の豊かさを大切にする時代がこなければならないと思います。一人一人が哲学をもち、そして善に向って勇敢に突進しなければならない時代が来るであろうと考えている訳であります。

有機農業に取り組んでいる皆さん方が一番の先覚者であると考えます。有機農業の意義も皆さんの地についた日々の生産活動の中にあると思います。

（『熊本県有機農業研究会会報』一九八〇年九月二七日）

このように佐藤組合長は、有機農業の意義を有機農産物という物のやり取りや金のやり取りだけでなく、生産者は消費者のことを思いやり、消費者は生産者のことを思いやり感謝し、双方がしっかりつながっていることにあると述べている。そして、本当の心の豊かさを大切にする時代がこなければならないと考えていた。さらに、有機農業を営む農民に対して一番の先駆者であり、有機農業の意義も日々の生産活動の中にあると励ましていた。

松葉会　1970年頃

松葉会代表・藤本利雄さんと
有機農法の水田

松葉会と鹿児島市消費者グループの交流
(1979年7月28日)

左・竹熊宜孝さん、右・佐藤明雄さん

松葉会

※写真は藤本利雄さん提供による。

（iii）有機農業の原点

佐藤組合長は、有機農業や農協運動に取り組んだ原点について、次のように矢部農業学校で受けた知識や体験があったと書いている。

三年間の農学校生活が私の人生観を変えてくれたと思っている。働く喜び、汗を流す尊さ、不景気が来ようが如何に世の中が変わろうが、何でも来い、僕は裸一貫立派にやって行く、という自信を植え付けてくれたのは矢部農業学校に学んだお陰である。
東北大学農学部出身の野田先生の「人糞に満腔の敬意を表せ」、「汗を流して、自分を作れ、土つくれ」などの標語が、今にして農業の原点を植えつけて頂いた事であり、有機農業に取り組んでいる今、自然循環農業の原点を説かれた野田先生のお顔が目の前に浮かび、その偉大さに頭の下がる思いがするのである。矢部農業学校の三ヵ年の教育が、軍隊生活の中でも、農協運動の苦しい時でも強い信念を作ってくれたものと信じている。

（『熊本県立矢部高等学校創立八十周年記念誌』熊本県立矢部高等学校、一九七八年、二三七‐二三八頁）

（iv）有機農業と有畜農業

『矢部畜協創立三十周年記念誌』で佐藤組合長は次のように、農業の原点には「土」作り、即ち、有機農業と有畜農業は不離一体のものであり、矢部の地域農業確立の要と考えていた。

如何に技術が進歩しても農業の原点だけはガッチリ掴んで、「土」作り、即ち、有機農業と有畜農業は不離一体のものであり、畜産振興と矢部の地域農業を確立する為の、原点でなければならぬと確信するのである。

初代組合長より、新進気鋭の国武組合長が叫ばれる「畜産なくして農業なし」、この原点は世の中が如何に進んでも、又どの様に変わっても、矢部の農産物は、「求むるもの」、そしてこれを食べる矢部の人は、未来永劫健康であって欲しいと願うのである。

（佐藤明雄「思い出」、国武博『矢部畜協三十周年史』一九七九年、一九九‐二〇〇頁）

（Ⅴ）「（熊本県有機農業研究会会長）退任挨拶」『くまもとの有機農業』第一号（熊本県有機農業研究会会報、一九七六年九月一五日）

農協長という立場にいると、生きるために必要なものを手に入れ、人間としてよりよい生活をするためには自然に打ち勝ち、人間生活が楽しめるよう改造し、いかに開発するかが先決であるかと、しごく合理的な考え方が根強く組合員の中に存在しているのであります。

人間の発達の歴史に正に自然との対決の歴史でもあるからでしょう。

しかし農協運動の中にこそ農協とは何か、農民とは、農業とは、と今一度原点に立って考えなければならぬきわめて重要な時期にあると信じて疑いません。

私は何よりも嬉しいことは、有機農業に取り組む生産者の方々が農業とはこんなに素晴らしい仕事であったのかと、しみじみと農業に生き甲斐を見出し、農業に対する人生観をもたれた事であります。

次には有機農業研究会を通じて、都市の方々との交流が出来、閉鎖された部落社会より一歩大きく飛躍できたこともまた大きな収穫だと思います。

③矢部町から県下各地へ普及

矢部町農協を中心とした有機農業の取組みは、「松葉会」や「愛農会」などの取組みが進み、周辺の清和村・御船町へ、やがて菊池郡・阿蘇郡・宇城地方などへと広がっていった。

矢部町農協の有機農業の取組みは、全国的に注目を集め、一九七七年一一月一九～二〇日に第三回全国有機農業大会が矢部町（現在、山都町）で開催されることになった。また、有吉佐和子『複合汚染』上（新潮社、一九七五年、一四八頁）にも矢部町農協が登場することになる。

現在、矢部町農協の取組みはＪＡかみましき有機農業部会として引き継がれ、農協組織として生産から販売まで一貫して取り組まれ、全国的にも注目されている。また一方、地域として山都町有機農業協議会として普及・推進が図られている。

熊本県有機農業研究協議会会報（1995年3月1日）　第33号

●熊本有機農業研究協議会（会員分布表）

	熊本市	上益城郡	菊池郡市	阿蘇・芦北	山鹿・鹿本	宇土郡市	本渡・天草	下益城 八代郡市	県外	計	日有研加入人数
個人	43人	35人	16人	8人／1人	10人／4人	10人	3人／2人	2人／2人	3人	139人	113人
団体	5G	4G			1G		1G	2G		13G	

熊本の有機農業活動－20年の歩みの中で、多くのグループができてます。

点から一面へ、情報を活用しあいましょう。

宝は地元にあるようです。

熊本県有機農業研究協議会（事務局）
〒862　熊本市湖東2丁目1－3
☎ 096（367）3500

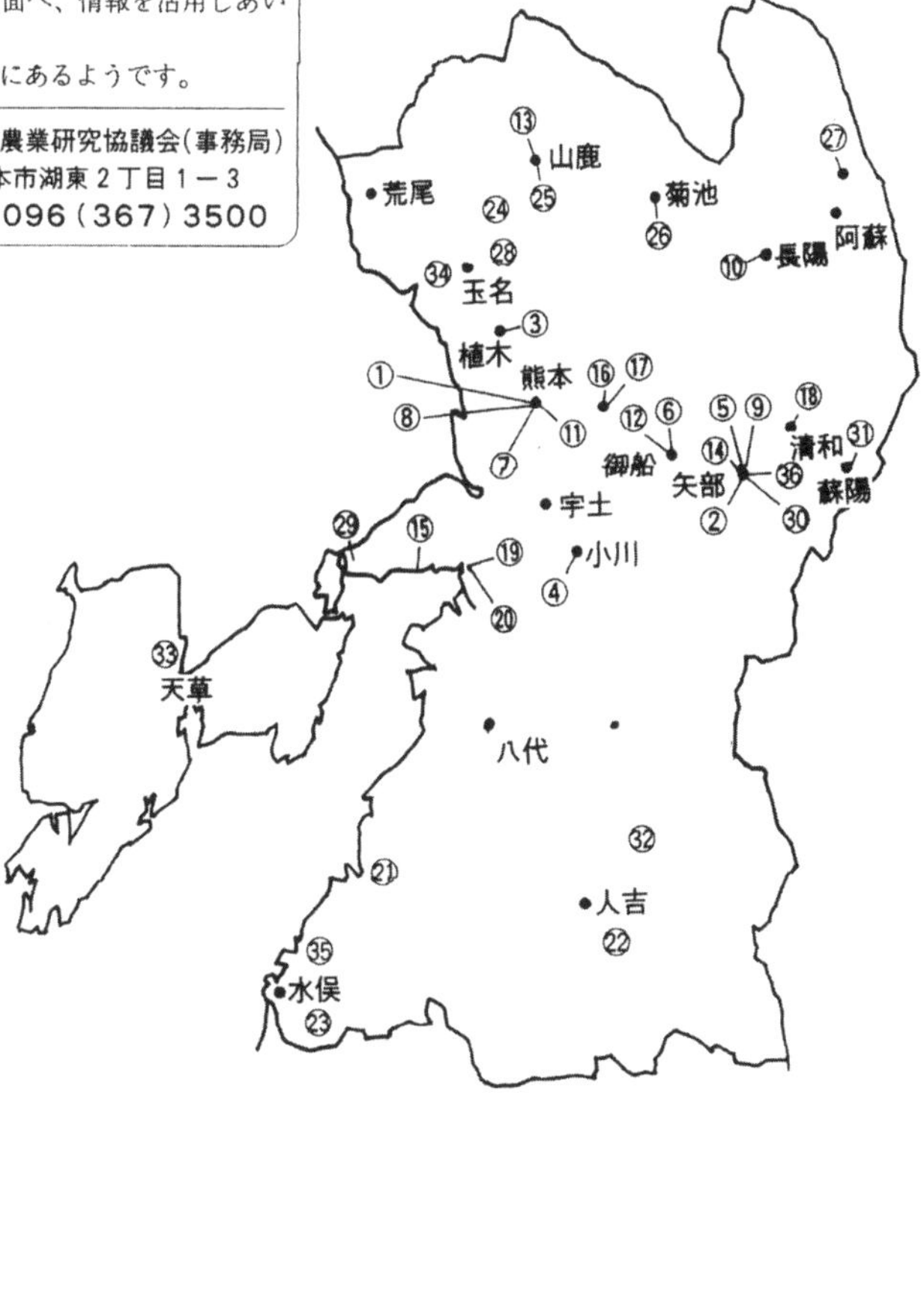

●県下有機農業関係 —— 活動グループ ——（左図参照）

○印 県有研団体加入

No.	グループ名	代表者	〒	問合せ先	電話	主な作物
①	くまもと有機の会	荒木幹夫	862	熊本市湖東2-1-3	096-367-3500	全般
②	御岳有機農研会	荒木秀幸	861-37	矢部町野尻1026	0967-72-0146	米、茶、ヤサイ
③	百草園	門司	861-01	鹿本郡植木町今藤	096-273-1917	米、ヤサイ
④	小川町有機研究会	米村勇	869-07	下益城郡小川町東海東	0964-43-1508	ヤサイ他
5	松葉会	藤本利雄	861-35	矢部町３ケ	0967-74-0250	米、ヤサイ、農加工
⑥	愛農会	渡辺洋一	861-34	御船町上野八勢	0967-285-2882	米、ヤサイ他
⑦	食生活を見直すはこべ会	森連子	860	熊本市薬園町1-9	096-343-0396	ヤサイ全般
⑧	学校生協	岡田伸一	862	熊本市下南部町平野下	096-382-1755	全般
⑨	わらび会	松永史雄	861-33	上益城郡御船町上野	096-284-2924	米、ヤサイ
⑩	ぽっこわぱ耕文舎	ドニーピリオ	869-21	阿蘇郡長陽村河陽	09676-7-2417	ヤサイ
⑪	九州有機の里	養田友宏	862	熊本市小山町456	096-389-3680	ヤサイ、果物
⑫	みふね有機農研会	八反田幹人	861-32	上益城郡御船町小坂	0967-282-1319	米、ヤサイ
13	霊仙会	渕上一郎	861-05	山鹿市久原	0968-44-2435	米、ヤサイ、果物
14	日南田会	真田一広	861-35	矢部町３ケ	0967-74-0300	米、ヤサイ、農加工
⑮	松合食品	松浦昇	869-32	宇土郡不知火町松合	0964-42-2212	ヤサイ
16	益城有研	園山清一	861-22	益城町堂園	096-286-2351	ヤサイ
17	いのちと土を考える会	西山俊六	861-22	益城町宮園401	096-286-0460	全般
18	清和農協	—	861-38	清和村大平348	0967-82-3131	米、ヤサイ
19	肥後七草会	松村成刀	869-05	松橋町御船652	0964-33-0302	米、レイコン、メロン
20	やまびこ会	藤本勝美	869-05	松橋町浦川	0964-33-4743	レンコン、果物
21	マルタ有機農協組合	鶴田志郎	869-53	田浦町田浦346	0966-87-0061	ヤサイ、果物
22	自然農法研究会	東六男	868	人吉市東間上町	0966-23-4530	米、ヤサイ
23	相思社	辻潤	867	水俣市袋34	0966-63-5270	全般
24	南関郷農協	—	861-08	南関町関町1411	0968-53-2111	キビ、大豆
25	小原有機センター	前田順一	861-05	山鹿市小原2756	0968-44-6207	スイカ、トマト、人参
26	菊池地域中央支所	—	861-13	堆肥センター	0968-24-1148	ヤサイ
27	マルタ会	井一	869-28	波野村波野209	0967-24-2001	ヤサイ、いちご
28	ふれあい農園	福永幸博	865-01	菊水町岩尻1747-1	0968-86-3976	ヤサイ、炭
29	戸馳特栽米研究会	佃勝	869-32	三角町戸馳	0964-52-3530	米
30	御岳会	村山信一	861-37	矢部町小笹	0967-72-1352	ヤサイ
31	菅尾農業研究会	戸高保彦	861-39	蘇陽町菅尾	0967-85-0377	米、ヤサイ
32	相良村農協	—	868	相良村深水2107	0966-35-0221	米、ヤサイ、茶
33	佐井津有研会	—	863-21	本渡市佐井津町	0969-23-6511	カンショ、ヤサイ
34	草枕グループ	右田秀利	861-54	天水町野部田160	0968-82-4062	ミカン、アスパラ
35	ヘルシータウンみなまた	坂本ミサ子	867	水俣市陣内1-1-1	0966-63-1111	ヤサイ
36	三ツ葉会	飯星幹治	861-37	上益城郡矢部町野尻	0967-72-1216	ヤサイ、茶

●熊本型有機農産物生産者数

熊本	宇城	鹿本	上益城	芦北	球磨	
47	6	11	11	26	12	113人

熊本県調査（Ｈ５）

（2）熊本県有機農業研究会の発足

一九七四年一〇月一九日、熊本県農協会館で、熊本県有機農業研究会設立総会が開催された。会の代表には矢部町農協の佐藤明雄氏が選出された。選出された理事は、岩尾砂月己、池崎喜一郎、内田守、上村光昭、小川○○、岸本清三郎、児玉亀太郎、小山和作、佐藤明雄、四宮智郎、末広善行、高丸光行、竹熊宜孝氏などであった。

会の目的、事業、組織運営は別紙（七〇頁）の規約のとおりであり、次の点が注目される。

①目的として、健康と環境とを守り、安全な栄養価の高い農産物を生産する農法を探求するとともに、生産者と消費者の連帯を図るとしている。

②生産面だけでなく一般公衆に対しても啓発活動の取り組むこととしている。

③農業者と消費者ならびにそのグループ、農学、医学、生物学、その他の学識経験者など幅広く組織化をすすめている。

④農協・生協、県・市町村関係者、公共団体など非営利団体としている。

⑤運営経費については会費が中心で独自財源をめざしている。

⑥入会その他の問い合わせは、矢部町農協、新しい医療を創る会、健康管理協会となっており、生産農民、消費者、医療関係者の三者が事務局的役割をはたしている。

熊本県有機農業研究会の設立について、新しい医療を創る会は、次のように述べており、土といのちとくらしを守るための生産者と消費者が連帯する場ができたと評価している。

安全な農産物をつくろう～生産者・消費者が手をつなぐ場に～熊本県にも生産者と消費者が、人間にとってもっとも大切な食物について一緒になって考える場がつくられた。（中略）いのちを守る私達の運動が医学だけではなく、この農業の現実に目を向けたのは至極当然だといわねばならない。土づくり運動、そして農業を見直す運動は、農業者だけの運動ではありません。せまい国に生まれた私達みんなの大切な仕事です。一緒にやりましょう。

（『新しい医療を創る』新しい医療を創る会、一九七四年一〇月二五日）

（3）「第一回いのちと土を守る大会」

「熊本県有機農業研究」会と「新しい医療を創る会」とは、健康を脅かす「農薬汚染」問題が、日々深刻になる中で、この対策が早急に求められている現状にこたえ、生産者と消費者が〝安全なたべものを得るために〟話し合うために一九七七年三月一六日、共催で「第一回いのちと土を守る大会」を〝無農薬有機農法による健康づくり〟をスローガンに市民会館で開催した。参加者は、生産者、主婦、生協関係者、農業高校教員など一〇〇〇名を越す参加者が集まった。

講演では、農業科学研究所所長・中島常充氏「有機農業と土づくり」、医師で福岡県自然食普及会会長の

有機農業を進めよう

いのちと土を守る大会開く　熊本市民会館

講演や討論 白熱

生産者 消費者 手をつなぎ運動へ

市民の関心が高まった「いのちと土を守る大会」

有機農業による健康作りがテーマに、「いのちと土を守る大会」（新しい医療を創る会、県有機農業研究会共催）は、十六日午前十時から熊本市民会館で開かれ、会場を埋めつくした約千人の消費者と農業生産者が講師の話に耳を傾け熱心に話し合った。

午前中は、まず熊本市の農業科学研究所所長の中島常允氏が「有機農業と土づくり」と題して講演、「完全発酵した有機肥料を使うことで、死につつある土はよみがえる」と述べた。

医師で福岡県自然食普及会会長の安藤孫衛氏は「日本は世界一の農薬使用国だ。この現状は医師や学者の手では救えない。私たちの命を守るためには、生産者と消費者が協力して自然農法を進めていくしかない」と有機食の重要性を訴えた。

午後からのシンポジウムでは、生産者と消費者の熱っぽい意見が続出。特に生産者の立場からの訴えが参加者の共感を呼んだ。上益城郡矢部町で有機農業と取り組んでいる青年が「消費者はうまいことを言っているが、結局安値だ。本当に命を守りたいのなら、もっと情熱を持って生産者を支えてほしい」と生産者の苦労を訴えると、消費者代表も「今度こそ、しっかりと手を握り合おう」と有機農業の普及にかける意欲を示していた。会場には無農薬で作った山菜弁当が次々運ばれていたが、とぶように売れていた。

意見を述べた有吉佐和子さん

また、農薬や食品添加物の「複合汚染」について小説を書いている作家の有吉佐和子さんも姿を見せた。有吉さんは「農薬まみれの野菜の上に食品添加物をふりかけているような食生活はやめるべきだ。行政には期待を持てない。一人一人の市民が、本当の健康を求めて立ち上がりましょう」と意見を述べた。

有機農業をめぐって生産者と消費者が本格的に意見を交わしたのは、この大会が初めて。命を守るという共通の基盤に立って両者が

『熊本日日新聞』（1975年3月17日付）

安藤孫衛氏「食品公害から命を守る」と題して「完全発酵した有機肥料を使うことで、死につつある土はよみがえるということや、私たちの命をまもるためには生産者と消費者が協力して自然農法を進めていくことしかない」など、有機農業の拡大の必要性を訴えた。

また、急遽かけつけた作家の有吉佐和子氏は「農薬まみれの野菜の上に食品添加物をふりかけているような食生活はやめるべきだ。毒性物質の相乗作用をはっきりさせるためには、実証主義の科学ではこれから五〇年もかかる。行政に期待しない方が良い。本当の健康を求めて、めざめた人はすぐに立ち上がりましょう」と、消費者と生産者が有機的に結びつき、農薬追放に立ち上がる必要性を強調した。午後から、生産者と消費者の話し合いに入り、両者が〝心からの結びつき〟を求めて意見を出しあった（『新しい医療を創る』新

しい医療を創る会、一九七〇年三月二五日)。

このように「第一回いのちと土を守る熊本大会」によって、有機農産物生産者と消費者が有機農業を具体的にどう取り組んでいくか、「理論から実践へ」の契機となったと考えられる。

(4) 熊本県有機農業流通センターの設立

第一回いのちと土を守る熊本大会を契機として、生産者と消費者の交流が始まった。消費者グループ(「新しい医療を創る会」の竹熊千栄子さん他ボランティア部会のメンバー)は、御船町の緒方意一郎さん、高丸光行さん、また矢部町農協の松葉会など、有機農業を営む生産者を訪ねて、無農薬、無化学肥料栽培の苦労を知ることになる。そこで、両者は具体的に有機農産物の産直流通について話し合った。その結果、生産者は、六月から毎週一回、水曜日に有機野菜を届けることになった。生産者と消費者が手を組んだ「提携」の始まりであった。最初、有機農産物が届けられた時、消費者は「久しく待った農薬や化学肥料を使わずに出来た野菜・キャベツ・キュウリ、そしてジャガイモを口に入れる現実が生まれたわけです。包丁を入れた瞬間、天然の味覚は抜群です。緑の葉緑素の匂いと味がして、思わず合掌しなくてはのどを通らない思いがします。矢部のみなさん、救世の大業です。感謝します。頑張って下さい」と書いている(『新しい医療を創る』新しい医療を創る会、一九七〇年七月二五日)。

このような有機農産物の具体的取引「産直」、「提携」が始まったが、社会的に関心が高まり、生産者は計画的な生産が始まった。一方、消費者会員も急激に増加し、本格的な流通組織が必要になった。そこで、有機農産物を県下各地の消費者に供給するために、「熊本県有機農産流通センター」の設立が必要になった。

一九七六（昭和五一）年六月一日、熊本県有機農産流通センター設立総会が熊本県立図書館ホールで行なわれた。総会参加者は、生産者、消費者、学識経験者、町長、教師、医師など約三〇〇名が集まった。

生産者と消費者は、熊本県有機農産流通センターの設立について、次のように評価している。

『新しい医療を創る』（新しい医療を創る会、1976年5月25日）

〝砂の大衆が作った流通センター〟授権資本金五〇〇万円のちっぽけな会社であるが、これ以上強力な人材はないと思われる程の人々の力を得、主婦と百姓が作った素人会社を支援することになった。次々と知恵と力が結集され六月一日を迎えたのである。有機農業を理論的にも実際的にも高めるため、熊本県有機農業研究会より一層強力な体制固めをやり、新しい医療を創る会も、いのちを守る原点にたって、医、食、農の三つの視点からの運動をより強力に推進することになったのである。

（『新しい医療を創る』新しい医療を創る会、一九七〇年九月二五日）

（5）第三回全国有機農業大会

熊本県下に有機農業の普及を一段と広める契機となったのが、矢部町の県立矢部高校で一九七七年一一月一九日から二〇日に開催された第三回全国有機農業大会であった。前に開催された第一～二回が都市で開催されたのに対して初めて地方で開催されたのは有機農業を実践する上で具体的な問題が発生したこと、また当時すでに熊本県下の有機農業や矢部町農協管内での取組みが、有吉佐和子『複合汚染』（新潮社、一九七五年）でも紹介されているように全国的にも知られていたことが背景にあったと考えられる。

大会前日（一一月一八日）には、協同組合経営研究所所長・一楽照雄氏（日本有機農業研究会設立に尽力）の講演があり、テーマは「協同組合運動について」であり、農協役職員、一般組合員、高校生に対して話した。

①大会のあらまし

大会第一日目の日本有機農業研究会総会の記念講演では、日本有機農業研究会代表幹事・塩見友之助氏は、「健康な土づくり」と題して「健全な土づくりこそが日本農業の方向ではないか。有機物を大量に投入して畑の地力をつけることが食糧の増産、質の向上につながる。このことが自給率を高め、将来への準備にもなる。土づくりは今や世界のすう勢といえる」と話した。

槌田劭氏は、「工業文明の将来と農業の課題」と題して「われわれは先輩が残した遺産を子孫に残さねばならない。つまり、財産（資源）を食いつぶす工業社会から足を洗わなければならない。その方向が有機農業なのだ。生産者は安全な食糧提供の責任を負っているし、消費者は食いつぶしをやめるべきだ。そのためには今までの生活を改める必要がある」（「熊本日日新聞」一九七七年一一月二〇日付）と講演した。

午後からは全体会が開かれ、公立菊池養生園園長・竹熊宜孝氏は、「熊本県における運動の概要」と題して話した。竹熊氏は、臨床医の立場から「医師は病気の早期発見、早期治療に目を奪われ、食物に無関心すぎた。医食農の三者一体の実践こそが健康をつくる。本県の有機農業運動はその点を中心に展開されている」と述べた（「熊本日日新聞社」一九七七年一一月二〇日付）。

その後、分散会が開催されたが、第一分散会では有機農業と技術・経営、消費者との関係、有機農産物流通、健康・医療との関係、教育が提案されており、当時の有機農業の課題が見えてくる。とくに「教育と有機農業」というテーマが設けられていることが注目される。

第二分散会では、それぞれ地域での組織活動が報告されている。また、第三分散会では個別実践が報告されている。

②参加者

全体の参加者は、三〇都道府県（北は山形県、南は鹿児島県）にわたり約六五〇名におよんだ。一〇名以上の参加者があった都府県をあげると東京（一三名）、兵庫県（一五名）、福岡県（三〇名）、鹿児島県（一一名）であり、福岡県では宇根豊さん、八尋幸隆さん、長崎県では島典子さん、大分県では玉麻吉丸さん、鹿児島県では大和田世志人・明江さんなどの名前があり、現在でも有機農業運動に積極的に関わっている。熊本県では、熊本市（三三名）、菊池市（一五名）、宇土市（一六名）、阿蘇郡（一五名）、菊池郡（一五名）、天草郡（一七名）、芦北郡（一五名）、とくに上益城郡（一三八名）が多くの参加者があった。矢部高校の生徒四四〇名も参加している。

また、水俣市からの出席者名簿に川本輝夫さん他の名前もあった。当時の新聞には「水俣市茂道で水俣病患者と一緒に甘夏を作り、全国の生協に販売している大沢忠夫さん（二五歳）、水俣病センターの柳田耕一さん（二六歳）、若い患者の会の江郷下美一さん（三一歳）も出席。（中略）大沢さんは『水俣と有機農業実践者はお互いに交流を持ち連絡を取り合っているのです。私たちは甘夏づくりを通して農薬の恐ろしさを身をもって知り有機農業を勉強しています』と話していた」（「熊本日日新聞」、一九七七年一一月二〇日付）。

③現地見学・民泊

第二日目は、現地見学が［矢部コース」（責任者　村上栄一・北坂　徳）、［菊池・養生園コース」（責任者　竹熊宜孝・戸高保一）、［宇土コース」（責任者　寺尾勇）に分かれて実施された。

このように日本有機農業研究会第三回大会が熊本県で開催された影響は、本県有機農業運動の推進に大きな影響を与えたといえる。

日日新聞　昭和52年(1977年)11月20日　日曜日

"有機農業を進めよう"

矢部町で全国大会

健康な土こそ財産

650人参加　体験発表や講演

第三回全国有機農業研究大会（日本有機農業研究会、県有機農業研究会主催）は十九日から二十日までの二日間の日程で上益城郡矢部町を主会場に始まった。同町は全国でも名の知れた有機農業の実験地で、大会には山形県をはじめ全国から約六百五十人が集まり、体験発表、講演、問題提起など、人間を守る有機農業の展開について真剣に討論が行われた。

十九日は会場の矢部高校で総会が行われたあと、同研究会代表幹事の[illegible]氏、使い捨て時代を考える会の京都大学助教授[illegible]氏の記念講演が行われた。[illegible]氏は「健康な土をつくろう」と題して「健全な土づくりこそが日本農業の方向ではないか。有機物を大地に投入して畑の地力をつけることが食糧の増産、質の向上につながる。このことが自給率を高め、将来への備えにもなる。土づくりは今や世界のすう勢ともいえる」と講演。[illegible]氏は「工業文明の将来と農業の展望」と題して「われわれは先進国が消費した資源を子孫に残さねばならない。つまり財産（資源）を食いつぶす工業社会から足を洗わねばならない。その方向が有機農業なのだ。生産者は安全な食糧提供の責任を負っているし、消費者は食いつぶしをやめるべきだ。そのためには今までの生活を改める必要がある」と話した。

全国有機農業大会の会場（矢部高校で）

午後からは全体会が開かれ、菊池郡[illegible]町の竹熊宜孝氏が「熊本県における運動の概況」、神戸大学農学部助教授の保田茂氏が「生産者と消費者の組織的関係の事例」、東京でただ一人の生産者、農業の大平博四氏が「私の有機農業」と題してそれぞれ体験を発表した。竹熊氏は医師としての立場から「医療は病気の原因発見、早期治療に目を奪われ、食物に無関心すぎた。医食農の三者一体の考えこそが健康をつくる。本来の有機農業運動はその点を中心に展開されている」と述べ、保田氏は「全国的に有機農業グループは三十も生まれ活動している。組織的な運動を通して健全な農業の安定、食の安心が生まれ、栄養のバランスもとれる」と述べた。また、大平氏は「年寄りの発見で始めた有機農業だが、最初の三年は収穫が皆無だった。しかし、土づくりができた現在、本当の農業をやる喜びでいっぱいだ。生産者は自分、村、国家を守っているという使命感を自覚して欲しい」と体験を語った。

このあと三つの分科会に分かれて討論を行った。第一分科会は県内の生産者、農協関係者、消費者、医師らが実例を発表、参加者から「個人でも有機農業ができるか」「価格はどうして決められるのか」などの質問が出た。第二分科会は全国の実践グループの体験発表で経済問題や「栄養のバランスをとるのが難しい」など共通の悩みを討論した。また、第三分科会では福島、山形、山口、福岡で有機農業を実践している四人が「私の実践」と題して体験を発表。有機農業の安全性や消費者との交流などについても活発に突っ込んだ経験が披露された。

二十日は熊本大学名誉教授[illegible]氏ら六人の意見発表や討論が行われ、午後からは矢部、蘇陽、[illegible]の三コースで現地研修会が行われる。一行は現地で民泊して意見交換を行う。

ミミズやドジョウを

○…大会には三宅正一[illegible]議員も出席、「この数年有機農業の発火点になることを期待する」とあいさつした。新潟県出身で社会党員として[illegible]年、[illegible]と取り組んできただけに「ミミズやドジョウ、ホタルが姿を消し、土が死んだ現代の農業に危機感を抱いていた。それが有機農業に関心を抱くきっかけになった」という。

水俣からも参加者

○…水俣市湯堂で水俣病患者と一緒に甘夏を作り、全国の生協に販売している大阪出身の大沢[illegible]さん[illegible]、水俣病センターの[illegible]さん[illegible]、若い漁業の会の[illegible]さん[illegible]も出席、録音テープに取ったりメモを取ったりして熱心に勉強していた。大沢さんは「水俣と有機農業の関係者はお互いに交流を持ち連帯を取り合っているんです。私たちは甘夏づくりを通して農薬の恐ろしさを知って有機農業を実施しています」と話していた。

学校教育で実践

○…会場の矢部高校は教育の場で有機の農業を実践しているところ。大会にも同校の生徒百四十人がメモを取って熱心に勉強していた。また、会場には生徒たちの手づくりの加工食品が並べられ、参加者たちも注目していた。第一分科会で教育と有機農業を発表した[illegible]教諭は「自然の摂理を在学中に正しく理解して欲しい。自然から学ぶ態度が大切ですね」と話していた。

『熊本日日新聞』（1977 年 11 月 20 日付）

3．有機農業運動の歴史的意義・位置付け

(1) 有機農業とは何か

以上述べたように農業基本法に基づく農業近代化政策としての農薬・化学肥料の多投は農民だけでなく消費者の健康問題や環境問題をひき起こした。これに対して農民は、農薬・化学肥料に依存しない生命・環境を大切にした農法、しかも持続可能な農法を模索してきた。これが有機農業と考えられる。

保田茂氏は、「有機農業とは、近代農業が内在する環境・生命破壊促進的性格を止揚し、土地―作物―（―家畜）―人間の関係における循環と生命循環の原理に立脚しつつ、生産力を維持しようとする農業の総称である」（保田茂『日本の有機農業』ダイアモンド社、一九八九年、一二頁）と定義付けている。

一方、一楽照雄氏は、「有機農業とは、技術的様式の問題ではなく生活上の価値観の問題である。」（一楽照雄『暗夜に種を播くが如く』協同組合経営研究所、二〇〇九年、二〇八～二〇九頁）と指摘するとともに、次のように述べている。

> 有機農業とは、人間関係の有機的関係を形成し、その上に成り立つ農業ともいえる。金もうけのための商品としての生産、お金さえ払えば手に入る商品としてしかみていない消費者の態度、その双方の関係が是正されないかぎり、実現しにくいのではないかと考えるわけです。
>
> （一楽照雄『暗夜に種を播くが如く』協同組合経営研究所、二〇〇九年、二八六～二八七頁）

一楽氏は、有機農業は生活上の価値観の問題であること、また生産者と消費者との関係性の問題であるとし、くらしの視点を指摘している。

以上両者から、有機農業とは、「いのち」の循環、人間関係の視点が基本にあるといえよう。このことを踏まえると、私は、有機農業とは土といのちとくらしの視点で捉えた農法であること、しかも重要なことは土といのちとくらしを三位一体として捉える必要があることを強調したい。

（2）有機農業運動とは何か

有機農業運動とは何かの定義はこれまでほとんどみられない。まず、「運動」とは何か、木下泰雄氏は「その運動は、運動の意志と努力の究極の目標である理想と、自らの行動を方向づける思想と、行動によってもたらされた成果の重要性や有効性の判断の基準となる価値観をもっているはずである。理想も、思想も、価値観も持たぬ運動は、その当事者がいかに運動であることを自負し、自覚しようと、外部の人びとの目には、特定の利益集団の圧力的集団行動としか映らないであろう」（木下泰雄『協同運動の原点を求めて』財団法人協同組合経営研究所、一九八七年、三八頁）と述べている。つまり、運動には目的（理想）と思想（手段）と価値観がなければならないとしている。

また、運動の性格付けであるが、枡潟俊子氏は、次のように自分自身の生き方や経営・生活のあり方そのものの変革が求められる内に向けられた運動であったと述べている。

農民運動や農協運動のような「ムシロ旗」を掲げ外に向けて要求を突きつけていく運動ではなく、むしろ自分自身の生き方や経営・生活のあり方そのものの変革が求められる内に向けられた運動であった。つまり、自分自身や生活、経営形態を変えていくという日常的な営為によって周囲の農家や地域への浸透を図っていく新しいスタイルの運動であった。またそれが、〈有機農産物〉の生産、流通、販売という経済活動を伴うがゆえに、生活や経営の変革力、地域への浸透力をもったのであった。

（桝潟俊子「高畠有機農業運動の先駆性と現段階」『有機農業運動の地域的展開』社団法人家の光、二〇〇一年、二〇二頁）

一方、星寛治氏は、次のように近代化の負の遺産を克服しようと立ち上がったのが有機農業運動であると述べている。

二〇世紀後半、急激な工業化と経済発展の中で、農業は取り残されてきた。たしかに農業と農村の構造改善が推進され、かなりな部分で近代化は達成されてきた。その近代化が、農民を重労働から解放し、生産性を飛躍的に向上させた光の部分と、公害や環境破壊をもたらした影の部分を併せ持つ。近代化の負の遺産を克服しようと立ち上がったのが有機農業運動である。

（星寛治『農から明日を読む』集英社、二〇〇一年、二〇五〜二〇六頁）

このように桝潟俊子氏は、内に向けられた運動と性格付けているのに対して、星寛治氏は、内だけでなく外に向けての運動としている。事実は空中防除の中止運動、環境問題への取組み、原発反対運動など対外的にも運動を展開しており、つまり体内的にも対外的にも展開した運動であった。
さらに、保田茂氏は、生産・流通・消費にいたる農業をめぐるトータルシステムの変革をめざす運動とみることができると述べている。

有機農業の運動は、農産物をつくり、それを運び、分配し、食べるという、それぞれの行為の再検討を通じて、農業における科学技術のあり方、流通機構のあり方、そして食生活のあり方という、生産・流通・消費にいたる農業をめぐるトータルシステムの変革をめざす運動とみることができる。

（保田茂『日本の有機農業』ダイアモンド社、一九八九年、一八四頁）

以上、三者の見解と熊本県の歴史を踏まえると、私は、有機農業運動とは、生産者と消費者とが手を組み、当事者が、土といのちとくらしを守り、豊かにするという同じ目的・目標（理念）に向って、お互いが支えあう提携・協同（思想・方法）によって、土といのちとくらしを優先した（価値観）、継続した運動であると考える。
したがって、有機農業運動には、土といのちとくらしを大切にした「世直しの思想」と「実践」とが源流にあった。そのことが当事者が経済的・精神的に苦労の中で、これまで続いてきた原動力となったと考えられる。

（3）有機農業運動と農民運動との位置付け

有機農業運動は、農業近代化政策の下で化学肥料および農薬の多投が生産性の向上や省力化をもたらした反面、健康被害、環境破壊、差別問題を引き起した事に対して、農民自らが農薬や化学肥料を止め、より人間らしく生きるために立ち上がった当事者運動であった。すなわち、土といのちとくらしを協同で守る継続した運動であったといえる。

一方、農民運動の歴史的規定とはどういうものであるか。横関至氏は「農民運動は、政党政治の下で多様な要求の実現をめざす耕作農民の大衆的運動であり、社会主義に直行するものではなく民主主義的な改革をめざすものであった」（横関至『近代農民運動と政党政治』一九九九年、二八二 - 二八三頁）と指摘している。このように、農村の現実から生まれ出た運動であり経済的な要求だけでなく、民主主義的な改革をめざすものであった。つまり、小作農民がより人間らしく生きるために農民組合を組織し小作料減免、小作権確立、民主主義をめざして闘った当事者運動であった。

だとすれば、有機農業運動も農民運動の一つとして位置づけられるのではなかろうか。また、戦前の農民運動が農民組合・労働組合・水平社の連帯を志向したのに対して、戦後の有機農業運動は農民と消費者の提携・連帯・協同をめざしていることと重なるものと考えられる。

おわりに

以上のとおり、熊本県における有機農業運動が生まれた背景と展開を探る中で、次のことが明らかになった。

戦後の食糧増産政策、それに続く農業基本法に基づく農薬・化学肥料を多投する農業は、それを使用する農民に直接農薬被害をもたらした。このことが農薬・化学肥料を使用しない有機農業が生まれた背景の一つであった。一方、消費者は自身の健康だけでなく、子どものアトピー性皮膚炎など健康被害が発生したことも一つの要因である。

この両者をいのちの視点で結びつけたのが、当時、予防医学に取り組んでいた医者の働きかけであった。同時に、河川の生き物、海の魚貝類への影響が拡大するなかで環境問題が起きたことも一因である。加えて、これまであまり指摘されてこなかったが、高度経済成長政策や農業基本法農政のもとで農工間、都市と農村格差の拡大は、とくに中山間地の過疎化をもたらし、このことに対して中山間地の農民は、地域再生をいかにして実現するかが背景にあったと考えられる。

つまり、戦後の食糧増産政策、それに続く農業基本法・農業近代化政策のもとで農薬、化学肥料を多投する農業がもたらす被害があった。そして、農薬、化学肥料を多投する農業が国策として取り組まれたことに注目しなければならない。

また、有機農業運動とは、土といのちとくらしを提携・協同で守る継続的な運動であるとした。さらに、有機農業運動の歴史的位置付けは、戦後の農民運動の一つとして位置付けられると考える。

有機農業運動は一九七〇年代に起こり、現在半世紀を迎えた。これから有機農業運動の未来に向けて第一世代から何を学び、何を受け継いでいくか探ってきた。そこには経済優先、効率優先、分断社会の中で有機農業運動は、「いのち」優先の考え方の元で地力を活かし、作物の生命力を活かし、そして人と人とがもっと「豊かにつながる」ことをめざしてきた。

つまり、土といのちとくらしを提携・協同で守ることをめざした「世直し」運動であった。そのため、有機農業を営む農民、支援する消費者などに対する誹謗、中傷など数多くあったが、それに抗して有機農業運動に関わってこられた。そこには、運動の思想に自信と誇りがあったからである。

この思想を第二世代が受け継ぎ、第三世代に受け渡していくことが大切であると考える。

現在、有機農業を営む農家のくらしは厳しいと言われている。とくに、新規参入者は〝土地なし、住宅無し、技術無し〟〝地域とのつながり無し〟の中で、厳しい状況にある。私は、七年間、ＪＡ熊本県中央会が開催したＪＡ新規就農者支援事業に関わってきた。健康、環境、くらし方の変革の志を抱き有機農業に参入してきた若者の就農・継続がいかに厳しいか目のあたりにしてきた。また、私自身、有機農業と協同による中山間地農業の再生をめざして二〇一一年一〇月に農事組合法人を設立して取り組んできたが、有機農業経営の厳しさをいやというほど知り理想と現実の違いを突きつけられた。

ところで、わが国の有機農業の割合は、面積で〇・五％である。それに対して韓国は、一・〇％で、日本の二倍もある。韓国農民との交流でわかってきたのは、韓国は、政府と農協、生協が連携して取りくんでいる。韓国農協中央会は、ソウルに農産物直売店を一〇数ヵ所設置し、その中に有機コーナーを作っている。

一方、ＥＵ諸国の有機農業のシェアーは、五％前後ある。この差の根本原因は、個別所得補償直接支払が日本の場合、農業所得の一五％に対して、ＥＵなどは九〇％前後もあり、日本政府の農業支援の低さにある。日本の国家予算のうち農業予算の割合は、一九七〇年代は一〇％前後あったのが、現在二％まで激減している。日本政府が農民・農業・農村にいかに冷たかったかを表わしている。

有機農業を営む農民は、今後、土といのちとくらしを優先した社会に変革していく、政治を改革していくことが大切であると考える。

最後になったが、一〇数年前より調査・研究を始めてやっとまとめることができた。この間、多くの人にお世話になった。こころからお礼を申し上げます。

竹熊宜孝さん（菊池養生園名誉園長）、池崎喜一郎さん（元熊本県農協中央会農政部長）、村上栄一さん（元矢部町農協参事）、藤本利雄さん（元松葉会代表）、有機農業生産者として、高丸光行さん（御船町）、森田良光さん（宇城市）、森田加代子さん（宇城市）、佐藤るい子さん（清和村）、村上澄子さん（矢部町）、吉見孝徳さん（清和村）、本田一幸さん（宇土市）他、消費者として、森連子さん（はこべの会）、田上チジ子さん（熊本有機の会）、佐藤玲子さん（学校生協）には聴き取り調査にご協力いただきました。また、日本有機農業研究会職員の皆さま、熊本県有機農業研究会元理事長・上田厚さん、元事務局長・間澄子さん、吉川直子さん、審査員・兼瀬明彦さんには資料提供、アドバイスをいただきました。

有機農業生産者、消費者、行政・ＪＡ・生協関係者、とりわけ有機農業をめざす新規就農者のみなさんの参考になれば幸いです。

〈参考資料〉

1.〈昭和三九年度病害虫防除指導要領及び防除基準―熊本県農政部〉抜粋

1．基本方針
農業の生産性の向上を目途し、農業近代化施策の一貫としての病害虫防除体制を確立し計画的防除を推進する。

2．目標
（1）病害虫発生予察事業の強化
（2）病害虫防除組織体制の整備強化
（3）病害虫防除の近代化事業の促進
（4）防除効率の拡大

3．重点指導事項
（1）病害虫防除組織の整備強化
病害虫の防除効果の効率的拡大は、計画的適期防除の徹底である。これを推進するには、防除体制の整備強化が前提となるので、「市町村防除協議会」を中心とした防除体制を確立すること、特に農業災害補償制度の改正により今後指定された地区の病虫害による被害（特例を除く）は、共済対象とならないので、この点を充分考慮すること。
（2）防除指導責任体制の確立
ア．県

～内容略～

イ．市町村

～内容略～

ウ．農業団体（農協、共済）

～内容略～

（3）発生予察事業の強化

～内容略～

（4）航空防除事業の推進

航空防除実施可能地域における基幹防除は原則として、航空防除を推進する。

ア．各地区の防除所長は市町村において基幹の防除（特にウイルス病、いもち病）として計画された病害虫について航空防除を最も適当なる防除技術と認められるときは、その旨を指示するものとする。

イ．市町村町は、事業主体となり関係者と協議して、これが責任ある推進を図るものとする。

（5）土壌線虫防除の推進

～内容略～

（6）薬害並びに危害防止対策

新農薬の著しい出現と、防除技術の大型化により、薬害並びに危害問題が多くなってきたが、原則として次の方針により、防止対策を推進するものとする。

ア．有機燐製剤ＰＣＰ除草剤等、第三者に被害を及ぼす恐れのある農薬は、原則として低毒性農薬に切り替え、防除基準より、削除する。

イ．農業の近代化はより高度の技術を必要とする薬害防止は重要なる技術であり農業者の正しい理解の上においてのみ行使できるものと思われるので被害危害防止の義務技術としての向上に努めるものとする。

ウ．地域農業の生産性を充分考慮し、相互発展の理念の上に被危害防止対策を必ず講ずることを前提として、事業主体の責任において解決するものとする。

エ．最近防除技術指導における被危害問題が生ずる場合が多くなってきた技術指導は、防除基準の上に正しく行われるべきである。

（7）異常発生対策

～内容略～

2．熊本県有機農業研究会規約

（名称）
第1条　この会は、熊本県有機農業研究会と称する。
（事務所）
第2条　この会の事務所は、熊本市におく。
（目的）
第3条　この会は、健康と自然環境を守り、安全で味がよく、栄養価の高い農畜産物を生産する農法を探求し、消費者と連帯してその確立を図ることを目的とする。
（活動）
第4条　この会は、前条の目的を達成するため、次の活動を展開する。
（1）会員の体験や研究による資料やその他の創意工夫をものにした研究会
（2）会員及びその他のものが実行する農法の現地視察会
（3）会員グループの開く、研究会に対し、講師、助言者の派遣または斡旋
（4）一般公衆に対する健全な食生活、農産物の生産、流通の改善についての講演会
（5）農業者と消費者との意見交換および安全な農産物生産、流通の具体化
（6）機関紙の発行
（7）その他の前各号に付帯し、目的達成に必要な事項

（会員）
第5条　この会は、次の各号に該当する者で、この結成の趣旨に賛同し前条の活動に参加または、協力する者をもって会員とする。
（1）農業者及び農業者グループ
（2）農学、医学、生物学、その他の学識経験者
（3）農協（連合会）、生協等、協同組合関係または公共団体関係の役員、職員
（4）農協（連合会）、生協等、協同組合、公共団体その他の非営利団体
（5）消費者および消費者グループ
（6）その他、この会の趣旨に賛同する個人

（会費）
第6条　この会の運営に要する経費は、会費、寄付金、その他の収入をもってあてる。
この会の会費は、次のとおり
個人　　　年額　　二、〇〇〇円
法人団体　年額　一〇、〇〇〇円

（役員等）
第7条　この会に、次の役員をおく。
理事　若干名　監事　若干名　事務局長　一名
（1）役員は、総会において選任し、任期は二年とする。

（2）理事は、代表理事一名、および常任理事若干名を理事会において互選する。
（3）役員は、全員無報酬とする。
（4）理事会は、学識経験者を顧問に委嘱することができる。
（総会）
第8条　この会は、毎年一回以上総会を開く。
（1）総会には、活動報告、収支決算報告、活動計画等を提出する。
（会計年度）
第9条　この会の会計年度は、毎年四月一日から翌年三月三一日までとする。
（規約の変更）
第10条　この会の規約は、総会において、決定する。
附則
この規約は、昭和四九年一〇月一九日から施行する。

3．熊本県有機農業研究協議会理事名簿（一九八八年現在）

熊本県有機農業研究協議会 会報　1988年11月1日　(10)

■理事名簿（熊本県有機農業研究協議会）

	所属	理事名	〒	TEL	住所
	会長	荒木信悟	861-13	09682-5-2442	菊池市隈府1016
○	研修	間　司	861-01	096-273-1917	鹿本郡植木町豊田1317－1（百草園）
○	広報	森田良光	869-07	0964-43-0234	下益城郡小川町北海東1396
○	総務	佐藤玲子	862	096-381-3775	熊本市健軍町2134
	事務局長	中井俊作	863-24	0969-34-0054	天草郡五和町井手
	総務	志賀八郎	869-22	096-279-2324	阿蘇郡西原村大字布田1034－16
	研修	吉野　晃	863	0969-24-2282	本渡市志柿町ハタラオ（朝やけ農場）
	〃	村上栄一	861-35	09677-4-0322	上益城郡矢部町三ケ（松葉会）
	総務	藤山敬一	861-35	09677-4-0202	〃　〃　（日南田会）
	事務局	飯星幹治	861-37	09677-2-1216	〃　〃　野尻（三ツ葉会）
	研修	渕上一郎	861-05	09684-4-2435	山鹿市久原5107（霊仙会）
	事務局次長	緒方憲一郎	861-33	096-285-2434	上益城郡御船町七滝（愛農会）
	研修	森　連子	860	096-343-0396	熊本市薬園町1－9（はこべ会）
	研修	荒木幹夫	861-13	09682-5-1936	菊池市隈府
	〃	八反田幹人	861-32	096-282-1319	上益城郡御船町小坂1355
	研修	寺尾　勇	869-04	0964-22-1137	宇土市椿原町956
	総務	作本弘美	869-05	0964-32-1190	下益城郡松橋町東松橋233（くまもと有機の会）
	広報	金子道子	862	096-367-9437	熊本市健軍町2527－40（無農薬野菜を広める会）
	研修	松本博美	861-23	096-286-2351	上益城郡益城町上陣（益城有研）
	総務	村山信一	861-37	09677-2-1352	〃　矢部町小笹（御岳会）
	総務	坂本　武	861-21	096-286-6504	〃　益城町福富（製油）
	広報	原井敏章	869-01	0964-43-0048	下益城郡小川町西北小川（有精卵山生苑）
	広報	宮崎イツ子	862	096-364-0291	熊本市渡鹿5－8－4（かもめグループ）
	〃	中村靖子	860	096-324-2626	〃　壺川2－9（はこべ会）
	会計	田上知事子	862	096-380-3789	〃　御領町 560－6
	総務	池崎喜一郎	862	096-338-7172	〃　竜田町上立田 426－4
	（事務局）	坂本　斉	861-53	096-277-2828	飽託郡河内町岳753
	総務	藤本克己	869-05	0964-33-0302	下益城郡松橋町浦川内（竹の子会）
		石原君子	861-05	0968-44-6489	山鹿市大宮町 671－5（山鹿消費者）
	総務	友田初音	869-21	0967-35-0022	阿蘇郡阿蘇町赤水100（阿蘇有研）
	研修	鶴田志郎	869-53	0966-87-0061	芦北郡田浦町田浦（マルタ会）
	研修	松元秋男	861-11	096-344-4835	菊池郡西合志町須屋
	（事務局）	太田黒公英	861-39	09678-3-0219	阿蘇郡蘇陽町滝上469
	監事	吉田義雄	861-05	09684-4-2558	山鹿市九日町1588
	〃	福山敬救	860	096-343-4043	熊本市東子飼町3
	穀物委員会	長尾龍一	861-21	096-286-2342	上益城郡益城町惣領
	〃	外本英治	861-35	0967-74-0203	〃　矢部町三ケ
	〃	藤本敏子	860	096-383-6607	熊本市帯山5－13－14
	〃	森　連子	860	096-343-0396	〃　薬園町1－19
	〃	緒方意一郎	861-33	096-285-2434	上益城郡御船町七滝
	〃	間　司	861-01	096-273-1917	鹿本郡植木町豊田1317－1
	〃	松浦　昇	860	096-364-0491	熊本市菅原町3－26
	〃	坂本　武	861-21	096-286-6504	上益城郡益城町福富
	〃	松元秋男	861-11	096-344-4835	菊池郡西合志町須屋
	〃	山下富広	861-35	0967-74-0036	上益城郡矢部町三ケ
	〃	木庭邦郎		09684-4-2740	山鹿市久原
○	〃	緒方秀寿		096-234-2261	甲佐町糸田
	〃	石口敏夫		09682-5-1319	菊池市赤星

○印　部長

4．日本有機農業研究会結成趣意書

科学技術の進歩と工業の発展にともなって、わが国農業における伝統的農法はその姿を一変し、増産や省力の面において著しい成果を挙げた。このことは一般に農業の近代化といわれている。

このいわゆる近代化は、主として経済合理主義の見地から促進されたものであるが、この見地からは、わが国農業の今後に明るい希望や期待を持つことは、はなはだ困難である。

本来農業は、経済外の面からも考慮することが必要であり、人間の健康や民族の存亡という観点が、経済的見地に優先しなければならない。このような観点からすれば、わが国農業は、単にその将来に明るい希望や期待が困難であるというようなことではなく、きわめて緊急な根本問題に当面しているといわざるをえない。

すなわち、現在の農法は、農業者にはその作業によって傷病を頻発させるとともに、農産物消費者には残留毒素による深刻な脅威を与えている。また、農薬や化学肥料の連投と畜産廃棄物の投棄は、天敵を含めての各種の生物を続々と死滅させるとともに、河川や海洋を汚染する一因ともなり、環境破壊の結果を招いている。そして、農地には腐植が欠乏し、作物を生育させる地力の減退が促進されている。これらは、近年の短い期間に発生し、急速に進行している現象であって、このままに推移するならば、企業からの公害と相まって、遠からず人間生存の危機の到来を思わざるをえない。事態は、われわれの英知を絞っての抜本的対処を急務とする段階に至っている。

この際、現在の農法において行われている技術はこれを総点検して、一面に、効能や合理性があっても、多面に、生産物の品質に医学的安全性や食味のうえでの難点が免れなかったり、作業が農業者の健康を脅かしたり、施用するものや排泄物が地力の培養や環境の保全を妨げるものであれば、これを排除しなければならない。同時に、それに代わる技術を開発すべきである。これが間に合わない場合には、一応旧技術に立ち返るほかはない。

とはいえ、農業者がその農法を転換させるには多かれ少なかれ困難をともなう。この点について農産物消費者からの相応の理解がなければ、実行されにくいことはいうまでもない。食生活の習慣は近年著しく変化し、加工食品の消費が増えているが、食物と健康との関係や食品の選択についての一般消費者の知識と能力は、きわめて不十分にしか啓発されていない。したがって、食生活の健全化についての消費者の自覚にもとづく態度の改善が望まれる。そのためにも、まず食物の生産者である農業者が、自らの農法を改善しながら、消費者にその覚醒を呼びかけることこそ何よりも必要である。

農業者が、国民の食生活の健全化と自然保護・環境改善についての使命感に目覚め、あるべき姿の農業に取り組むならば、農業は、農業者自信にとってはもちろんのこと、他の一般国民に対しても、単に一種の産業にとどまらず、経済の領域を超えた次元で、その存在の貴重さを主張することができる。そこでは、経済合理主義の視点では見出せなかった、将来に対する明るい希望や期待が発見できるであろう。

かねてから農法確立の模索に独自の努力を続けてきた農業者や、この際従来の農法を抜本的に反省して、あるべき姿の農法を探求しようとする農業者の間には、相互研鑽の場の存在が望まれる。また、このような農業者に協力しようとする農学や医学の研究者においても、その相互間および農業者との間に連絡提携の機会が必要である。

ここに、日本有機農業研究会を発足させ、同志の協力によって、あるべき農法を探求し、その確立に資するための場を提供することにした。
趣旨に賛成される方々の積極的参加を期待する。
（一楽照雄『暗夜に種を播くが如く』協同組合経営研究所、二〇〇九年、二七〇～二七二頁）

5．農民と消費者とが手を組み有機農業運動に取り組んだ背景

（聴き取り調査：二〇〇三年四月～二〇〇四年五月）

＝農民が有機農業を始めた動機＝

高丸光行さん（御船町）
全国愛農会が開催した講演会で、奈良県の医師・簗瀬先生の農薬中毒の話を聞いて強いショックを受けました。また、「新しい医療を創る会」の竹熊先生との出会いの中で、農薬と化学肥料を多投する近代農業に疑問をもちました。この出会いが有機農業を始めるきっかけとなりました。

佐藤るい子さん（清和村）
私は昭和四七年八月、簗瀬先生の講演を聞き、農薬散布が人体や環境に被害をもたらすことを学びました。

有機農業をやろうとする愛農会の青年と共に、続けてこれました。何よりも共通の思いをもった夫に出会ったのは有機農業のおかげです。

村山澄子さん（矢部町）

隣人が農薬中毒になったこと、また化学肥料だけでは土が固くなることなど、近代農業に疑問を抱えていました。そんな時、飯星幹春さんから有機農業を教えてもらいました。

吉見孝徳さん（清和村）

高丸さんや佐藤さんに勧められて愛農学園（三重県）に入学しました。そこで、人としての大切な生き方を学び、いのちを支える農業のあり方は有機農業であると考えました。

本田一幸さん（宇土市）

昭和四六年に「金肥」を減らすため、牛を二頭から三頭に増やしました。同年、宇土市の寺尾勇さんや五和町の中井俊作さん、「新しい医療を創る会」などとの出会い、有機農業の大切さをつくづく感じました。

森田良光さん（小川町）

村の農業が危機に瀕していました。何とか、地域の農業を活性化したい。また、行政や農協依存から自立したいと考えていました。一方、従来の農業と化学肥料の農業に疑問を持っていました。当時の守田町長から誘われたのがきっかけになりました。

＝有機農業とくらし＝

高丸さん

化学肥料を使うと虫が付きやすく、農薬を使わなければならなくなります。また、土が単粒構造になります。そこで、鶏糞堆肥を作り、土づくりに励みました。土づくりの基本を学びに長野県の内城土壌菌研究所に行きました。四〜五年で何とか軌道に乗ってきました。〝もうける農業〟ではなく、〝楽しむ農業〟をめざしてきましたので、くらしは経済的には大変でした。消費者の支えがあったから続けてこられました。

佐藤さん

冬とれるものが少なく、三〜五月は収入がありません。祖母の年金に助けられました。農民作家・山下惣一さんがやってきて「よう生活が出来ていますね」といわれました。また、冬の間は体と心を休める時期だと思っています。「佐藤さんの野菜はやさしい」といわれたことがすごくうれしく、有機農業をやっていて良かったと実感しました。

村山さん

四人のグループ「御岳会」を結成して一五年になります。主人が何でもチャレンジしますので、失敗も多く収入が上がらず、くらしはきつかったのですが、有機農業は何といっても夢がありました。仲間との出会いです。また、生協との交流の中で、健康、子育て、食品添加物問題など学べました。

吉見さん
二〇歳で就農し、野菜はすぐ有機栽培にかえましたが、米は少しずつ有機栽培に切り替えてきました。収入は少なかったのですが、養鶏をやっており、くらしに役立ちました。

本田さん
現在はみかん栽培を八〇アールやっていますが、ここまでくるのに失敗の連続でした。父親はよくやらせてくれたと感謝しています。虫食いのみかんや野菜を消費者のみなさんがよく買っていただき、本当に支えてもらったと思っています。
有機農業は「哲学」と「感謝」が大切であると思います。

森田（良）さん
昭和五五年、小川町で全国有機農業講座が開催されたことをきっかけとして、有機農業に取り組む仲間が八名となりました。五ヘクタールのみかん園はほとんど牧草地にきりかえました。サトイモなど根菜類の有機栽培をはじめました。最初は消費者が少なく、くらしはきつかったが、生協と提携するようになってよくなりました。

＝家族や地域の理解＝

高丸さん

かならず夫婦で研修会などに出かけました。三重県の愛農学園の講演会、長野県、ヨーロッパなど常に一緒に行きました。そのため、妻との共通理解があります。

佐藤さん

有機農業を始めたころ「あんたんところの虫が飛んでくるので困る」と言われました。しかし、女性だから厳しく言われませんでした。

村山さん

夫が「御岳会」の代表を一八年間やってきました。夫婦の間では共通理解があります。昨年は水田にジャンボタニシを入れましたが、他の農家に被害を与えてしまいました。しかし、ジャンボタニシが除草に効果があることがわかり理解していただきました。

吉見さん

連れ合いは有機農業にたいへん理解がありました。

本田さん
最初は地域の人たちの理解はむずかしかったようです。しかし、ダニ防除剤を使えばかえってダニが増えることを知り、少しずつ理解が生まれてきました。また、父親がよく理解してくれました。

森田（良）
妻の理解は大きかった。しかし、周りでは「大きい農家が草をはやして、つぶれるのではないか」と冷ややかな目がありました。八人で「小川ゆうき村」をつくったところから、周りの理解ができてきました。今では「先見の明があったばい。」といわれています。

＝個人にとって有機農業とは＝

高丸さん
健康に生きる、安全なものを作り出す喜び、有機農業をやることは、生きがいにつながります。わたしにとって、有機農業は、〝遊び道具〟であると思います。

佐藤るい子さん
自分の生き方の一つ。自分に対しても、他人に対しても正直であることが大切であると思います。農業は自然そものではない、自然を破壊しているので謙虚さが必要だと思います。また、有機農業で知り合った人が支えあうことは〝宝物〟だと思います。

村上さん

有機農業をやってきて人生が楽しかった。生協との提携は収入の安定につながった。また、ほんとの仲間ができました。

吉見さん

食べていただく人がいての農業です。有機農業は顔が見える関係、家族と同じ、いかに信頼が大切であるか自覚しています。

本田さん

有機農業をつうじて消費者と医者の生の声を聞くことができました。そして、親戚に糖尿病が多いのですが、私の家族はみんな元気にしています。有機農業はみんなを生かしていく〝元気の源泉〟だと思います。

森田加代子さん（小川町）

障害者をサポートして、いのちと食べもの、環境、そして農業がいかに大切であるか実感していました。有機農業はライフワークです。共感し合える仲間が多くいます。

〈消費者を訪ねて〉

＝消費者が有機農産物を求めた動機＝

消費者を代表して、森連子さん（「はこべの会」一九二五年生まれ）、田上チジ子さん（「熊本有機の会」一九二四年生まれ）、佐藤玲子さん（「学校生協」一九三六年生まれ）を訪ねて有機農業運動が生まれる当時を聞き取った。

○とにかく有機農産物が欲しかった

昭和四〇年代、作家・有吉佐和子は農薬の害、食品添加物問題などをテーマにした『複合汚染』を朝日新聞に書いていました。消費者によく読まれ関心が寄せられていました。田上さんは、熊本市が開いた「消費者講座」に参加する中で、化学肥料・農薬多投の農産物がいかに問題があるかを学んだということです。また、佐藤さんは、「私は肝臓障害のため、とにかく健康に良い野菜が欲しかった」、同じく、森さんは「子どもが小児喘息のため、本当に安全な食べ物が欲しかった」と話されます。

そして、有機農産物を欲する消費者と生産者を結びつけたのが熊本市で開催された「命と土を守る熊本県大会」（昭和五〇年三月一六日）でした。

○魔の水曜日を女性パワーで乗り越える

有機農業をやっている農民の方と具体的に取引することになったが、双方初めてのこともあり、たいへんだったようです。週に一回、水曜日に農産物が生産者から届けられます。消費者は手分けして朝から夕方までグループごとに分けられます。とくに、当日行ってみなければ、農産物がどれくらい届けられているかわからず、遅くまでかかりました。子どもをおんぶしてきている人、タクシーで持ち帰る人、家族の理解がなければ続けられなかったと。

「みんな新しい取り組みを育てようという気があった」、「ほんとに安全な農産物が欲しく、生産者の方が作ると言われたことに対して自分たちも努力しなければという思いがあった」などと、みんなが純粋な気持ちを持っていたから続けられたということです。

○計画生産、そして有機流通センターへ

今では国際語となっている「提携」の原則として、①全量買取、②援農、③学習、④運命共同体などがありますが、①の全量買取については、生産者にとってはメリットが大きいものの、消費者にとってははなはだ不便が大きかったようです。ある日は沢山の農産物が持ち込まれ、荷分け、配達に困ったということです。また、米もいっぺんに買取、消費者の家庭で保管しなければならず、虫がわいて困ったということです。

そこで、工夫されたのが、計画生産です。具体的には家族数から一年間の需要量を割り出し、それにもとづいて作付けをお願いする方法がとられました。そして、昭和五一年五月、命を守る運動としての農産物の集荷・分荷・配送機能を持つ「株式会社熊本有機農産流通センター」の設立につながっていきました。この時、「協同組合」にするか、「株式会社」にするかの激論がありましたが、結論として農協と生協との両方の機能を兼ねることが法的に無理があり、「株式会社」方式になりました。

○何べんも話し合い、一つずつクリア

提携上、一番の課題は価格決定でした。生産者と消費者とで「価格委員会」を設置して、何回も話し合い決定されました。その日の相場（新聞記事）が参考にされました。生産者の希望を反映し、年間の一定価格を保障しなければならず、根気よく話し合いました。生産者は「夏大根は作りにくい」、消費者は「やっぱり欲しいわ」などと様々な意見がありましたが、一本プラス二〇円という事になったということです。

このように、何かあればその都度十分話し合って、クリアーしていきました。

○「援農」から「縁農」へ

「援農」は実際に農産物を生産する農民と信頼関係を築くために、消費者が農作業を手伝ったり、農家のくらしを丸ごと体験する中で、培うというものです。森さんは、熊本バスで御船まで行き、水越経由矢部行きに乗り換え三時間かけて松葉会のある三ヶにいきました。まず、驚いたのは奥深い山の中の、狭い棚田で、大変苦労して農業が営まれていることでした。しかし「援農にはならなかった。むしろ、足でまといになったのではないか。だが、農家の方は我慢づよく付き合ってもらいました。私たちも農家に迷惑をかけないように弁当を持っていった」と話されます。このように、「援農」は、むしろ消費者と生産者とを結び付ける「縁農」でした。

また、佐藤さんは、「縁農によって、自分自身が変わった。実際、土を耕し、農作業を体験してみなければ農業は理解できない。送られてきている野菜など見て、この野菜は何処の畑で、誰がつくったのか。想いをはせるようになった」と。また、森さん、佐藤さんは「縁農」が子どもの教育にたいへん役立ったと話されます。

○運命共同体

援農を通じて、自分たちのいのちと健康はまさに、農民の農業のやり方、考え方に結びついていることが理解できたということです。農業問題は、まさに消費者の問題であること、つまり、消費者と生産者はいのちでつながる「運命共同体」ということです。

このように有機農業を支えたのは、生産者とともに、消費者の忍耐強い支えがあったことです。消費者は本当に健康に良いものを食べたいという欲求からはじまり、そして援農や話し合いを通じて農民と「人」としての信頼関係を築き、そのことが更なる支援につながっていったといえます。

＝未来に何を受け渡していくか＝

高丸さん

日本社会は儲かることを優先し、偽装食品などいつわりの社会です。良心に従って、いつわりの商品を作ることは絶対にしてはいけない。一人ひとりの良心が大切にされる有機農業研究会であってほしい。

佐藤さん

夫が自家種子の保存と普及をやっています。現在、大種苗会社に牛耳られています。〝儲ける〟ためでなく、〝いのちをつなぐ〟種子として位置づけ、研究会の種苗委員会を通じて取り組んでいこうと考えています。

村上さん

研究会には、①頑張った人が得をするような「公平さ」、②消費者が何を求めているかに耳を傾けるとともに、すぐ取りくむ実行力、③若者が有機農業に取りくむ場合の相談機能をもった試験場や指導員の設置、④未来を担う子どもたちのための食農教育に取り組んでほしい。

吉見さん

自分は食料の〝安全性〟と〝おいしさ〟をめざしていきたい。また、現在、種子はほとんどアメリカに依存しているが、これからは農民の手に取り戻すことが大切です。そのためにはＪＡも取りくんでほしい。農民が食料生産の主体性を取り戻していくことをめざしたい。さらに、個人的には韓国農民との交流の中で、有機農業がいのちを最も大切にする以上、平和問題についても取りくんでいきたいと考えます。

本田さん

有機農業をやっている人はすばらしい人ばかりです。それぞれの個性が活かされる研究会であってほしい。また、以前やっていた堆肥品評会をやったらどうか。

森田（良）さん

グローバルな世にあって、農村を守るのは、有機農業であると考えています。子どもたちが豊かにくらせるように豊かな自然を残したい。

森田（加）さん

生産者と消費者とが交流しながら育ちあっていく関係を大切にしたい。また環境問題にも取り組んでいきたいと思っています。

森　連子さん（消費者グループ）

昔の消費者はほんとうに生産者の所まで出かけて行って、共にやるという思いがあり、生産者を支えてきたと思います。今の消費者はどうか、すぐ止めていきます。今の人は〝いのち〟の学習をしていないことに問題があると思います。

佐藤玲子さん（消費者グループ）

三〇年前にお互いに夢を語った人がこうして、今日語る喜びをかみしめました。有機農業を続けられてきたことはすばらしいことと思います。「佐藤さんの紹介で有機農産物を取り続けてきましたが、孫四人とも健康でおられるのは、佐藤さんのおかげです」とお礼をいただき〝いのち〟を大切にした有機農業は、まさに〝悠久の営み〟ではないかと実感しました。

内田敬介『有機農業運動の源流を訪ねて』（二〇〇九年、五〜一二頁）より抜粋

6．有機農業運動参考文献より抜粋

カーソン『サイレント・スプリング』青樹簗一訳『生と死の妙薬』

ひとつひとつの薬品についての汚染の最大許容量を管理局は極めて〈許容量〉と呼んでいるが、この方法も明らかな欠点がある…。食糧薬品管理局が許容量を決めるときには、実験動物を使っている。…手入れの行きとどいた人工的な状態で飼育されている実験動物は、ある特定の一つの化学薬品を与えるだけで、いろんな殺虫剤に何回となく触れる人間とは、条件がひどく違う。…お昼のサラダのレタスに7ＰＰＭのＤＤＴがついていたとしよう。そのくらいの分量なら、〈安全〉といって、それぞれの許容量の残留物を含有していたらどうなるか。

そしてまた、食糧という経路で私たちの体に入る化学薬品は、全体のごく一部にすぎない。いろんなところから進入してくる化学薬品の蓄積量はどこまで増えていくのか、だれも分らない。だから、この程度まで なら安全だ、などといっても意味がない…。

（カーソン『サイレント・スプリング』青樹簗一訳『生と死の妙薬』一五二頁）

竹熊宜孝「医・食・農―いのちの教育」

私たちは、熊本で、いろんな運動をやってきました。命を守ることから、医学だけでは、医者だけではどうしようもないことで、保健婦さん、看護婦さん、栄養士さんという人にも触れました。いろんな医療の改革のために〝新しい医療をつくる〟なんていうキャンペーンを張りながら、いろんな運動をやってきたんです。が、医療サイドだけではどうしようもないということで、食の問題に入ったんです。食の要点である食べものをつくる農業が間違っていたら、どんなに栄養価があるものといっても、どうしようもない。そして農業者の協力がなければ、そしてそれは消費者の協力がなければできないのですから、ぐるりぐるりと回ってるんです。

そういう意味で、医・食・農という三つの視点から、我々はいろんな運動をやってきた（一九〇頁）。

全てが〝いのち〟というものを忘れた、要するに考えない技術者として育ってきているところに、悲劇がある。それがどうも今の文明であるような気がするんです。そこにくさびを打ち込まないことには、公害問題を論じたとしても、水俣病一つ解決できないと思うんです。いろんな公害がありますが、これをはっきり言って、文明をどうするかということにつながっていくような気がするんです。…

〝元〟というよりも〝今からの〟ほんとの農業のあり方、〝今からの〟我々の生活のあり方という視点でものごとを考えて、そこに知恵を結集しなければいけない（一九〇-一九一頁）。

（竹熊宜孝『生命のみなもとから』所収、熊本日日新聞情報文化センター、一九九一年）

梁瀬義亮著『生命の医と生命の農を求めて』

近代農法では人間の力を重視して人間が農作物をつくるという考え方が基礎になっています。これは誤りです。「生命の農法」では「自然」という大生命、それはすばらしい叡智と能力で有機物を生産して、数限りない生命を育て養い、それを有機的に総括して、調和の中に生かし、そしてまた、調和の中に死なせる高次元の愛の大生命ですが、その大自然に対する畏敬と感謝の念を基礎にします。

又、有機物生産という大自然の偉大な事業の万一をお助けすることと、大自然の恵みをいただく作法を農作業と考えます。だから作物を「とった」とか「つくった」とか言わずに「いただいた」と言うのです。言葉を換えれば、大自然から与えられた植物を生命力を十分に発揮出来るように、自然法則に従がって植物を助けるのが「生命の農法」です」（二二七 - 二二八頁）。

「生命」という厳粛な事実を忘れて暴走する巨大な怪物、それが現代社会である。一切の生命を、人間をも、そして大自然という高次元の生命すらも単なる物質と見なす唯物論。「共存共栄」という生存の原理を錯覚して「生存競争」の中のみ生存原理を見出そうとする「自我」中心主義。そして小さな知恵と能力にもかかわらず「偉大」、「最上」と錯覚し、大自然の叡智と能力を無視して奢り昂ぶる人間至上主義。この誤った原理の上に立った近代文明は生命無視の暴走をつづけた。それはただ殺すことと奪うことにのみ狂奔したのだ（二三〇頁）。

（梁瀬義亮著『生命の医と生命の農を求めて』柏樹社、一九八七年）

7．第三回全国有機農業大会日程

〈大会日程〉

■第一日（一九日・土）

九時　日本有機農業研究会総会

一〇時　記念講演

塩見友之助　氏

槌田　劭　氏

一三時　研究大会

△開会の辞　熊本県有機農業研究会会長　小玉達雄

△歓迎の辞　矢部町長　堀　照雄

矢部高等学校校長　有村　嗣

△体験発表

（1）全大会　座長　築地文太郎

奥田信夫

①熊本県における運動の概要　公立菊池養生園園長　竹熊宜孝

②生産者と消費者の組織的提携の事例　神戸大学農学部　保田　茂

③私の有機農業　東京都世田谷区　大平博四

（2）分散会

●第1分散会　座長　瓜生忠夫
中井俊作

①有機農業の技術と経済性　村上栄一・高丸光行
②消費者と有機農業　伊藤敏子
③有機農産物の流通　荒木信伍
④健康と医学からみた有機農業　小山和作
⑤教育と有機農業　鳥丸萩夫

●第2分散会　座長　戸谷委代
高野瑞代

①安全食糧生産グループの実践　千葉県三芳村　渡辺克夫
②市島町有機農業研究会の実践　兵庫県市島町　一色作郎
③丹南町有機農業研究会の実践　兵庫県丹南町　渡辺省吾
④下郷農業協同組合の実践　大分県耶馬渓町　玉麻吉丸

●第3分科会　座長　天野慶之
中島常允

①私の実践　福島県船引町　村上周平

②私の実践　福岡県筑後市　久保徳安
③私の実践　山口県宇部市　黒川昭介
④私の実践　山形県藤島町　石井　甲

■第2日（二〇日・日）
八時
△意見発表及び討議　座長　一楽照雄
　　　　　　　　　　　　　高松　誠
意見発表者
群馬大学名誉教授　医学博士　松村竜雄
東京都町田保健所所長　医学博士　中山光義
財団法人慈光会理事長　医師　梁瀬義亮
所沢市　主婦　白根節子
財団法人・富民協会前理事長　福井信吉
立教女子学院短大助教授　村本竹司
△閉会の辞　日本有機農業研究会代表幹事　塩見友之助

〈懇親会〉
日時　一一月一九日（土）一八時
会場　矢部町営体育館
形式　立食パーティ
○会食
家庭菜園でとれた無農薬の葉・根菜類を材料に家代々引き継がれてきた母の味、家の味を盛り込んだ献立です。

手作りの豆腐・コンニャクなど、農産ならではの自然のおいしさを満喫していただけるはずです。
○郷土芸能観賞
1．雨乞い太鼓　（内容省略）
2．八朔音頭　（内容省略）
3．通潤橋紹介　（内容省略）

〈現地研修〉
二〇日～二一日　民泊
第1班　［矢部コース］　責任者　村上栄一・北坂　徳
第2班　［菊池・養生園コース］　責任者　竹熊宜孝・戸高保一
第3班　［宇土コース］　責任者　寺尾　勇

8．有機農業運動に関する略年表

時期	熊本	全国	備考
一九五一年（昭和二六）			・ドイツより農薬ホリドール輸入される。
一九五二年（昭和二七）	・ダイセンが野菜の病害虫防除に使用される。	・日本農村医学会が設立される。	・有機燐パラチオン実用化される。
一九五三年（昭和二八）	・水銀剤がイモチ病害防除に急激に普及する。		
一九五四年（昭和二九）			
一九五五年（昭和三〇）			
一九五六年（昭和三一）			・水俣病公式確認。（五・一）
一九五七年（昭和三二）	・上球磨地方全域で水田に白葉枯れ病発生。多良木、免田両町では水田の八割が被害。		
一九五八年（昭和三三）	・熊本県は、病害虫防除機の整備促進を図るため助成を決める。		
一九五九年（昭和三四）			・厚生省食品衛生調査会常任委員会は、水俣病の主因は、ある種の有機水銀化合物であると答申。
一九六〇年（昭和三五）	・長野県佐久総合病院の若月俊一院長（日本農村医学会会長）来熊、「農家の健康」について講演。		・水俣病の原因物質としてメチル水銀化合物が明らかになる。

〈参考資料〉

時期	熊本	全国	備考
一九六一年（昭和三六）	・県は、「農業の基本問題と基本対策」を策定。 ・八代郡市漁協が、除草剤PCB使用禁止を県に要望した。（六・一七） ・県下初の水稲病害虫に対する航空防除。玉名郡岱明町高道の水田で行われた。（七・二〇） ・うまい米生産へ県が基本計画。生産性向上と品質改良の必要性を強調。（八・三）	・農業基本法公布施行。（六・一二）	
一九六二年（昭和三七）	・除草剤PCPの被害を受けて困っている熊本市沖新、小島の漁民約一二〇名が、除草剤PCPの製造禁止、損害補償を要求して大会を開き、熊本市、熊本県に陳情をおこなった。（八・三） ・熊本県農林部は農薬災害が発生したのでPCPの使用を禁止。 ・農林省、県果実試験場共催のミカン園航空防除試験が九月一三日飽託郡河内吉野村（現熊本市）のミカン園一帯で行なわれた。ミカンハダニを防除するためエストックス液剤を空中から散布するのは全国で初めての試み。（九・一三）	・農水省は、病害虫防除の再整備を図るため、市町村ごとの防除基準を作るよう指導。（八・二）	

時期	熊本	全国	備考
	・農薬空中散布による散布面積は七五四六ヘクタールに達する。		
一九六三年（昭和三八）	・熊本農村医学研究会発会。		
一九六四年（昭和三九）	・熊本県特産野菜集団産地育成計画策定。（指定産地、共販促進、県単価安定制度など）	・日本で、レーチェル・カーソン著『生と死の妙薬』発刊される。	・肥料価格安定等臨時措置法公布。
一九六五年（昭和四〇）	・熊本市農協は豪雨後の対策として病虫害防除の徹底を図った。（六・二二） ・農薬空中散布による影響で有明、不知火海の魚貝類に被害発生する。 ・熊本市沖新、小島の漁民三〇〇人は、熊本市農協が実施した航空防除（ＳＢ水銀混合粉剤の散布、七・二九、八・二六）によってハマグリ、エビなど魚貝類が全滅、三億円の被害が出たと県・市・農協に対して補償と今後の対策について陳情した。（九・一〇） ・航空防除の被害が八代市の八代、文政、宇土市の網津、網田、天明村の海路口、川口など拡大する。県下水田約八万ヘクタールにヘリコプターで散布。ＳＢ		

〈参考資料〉

時期	熊本	全国	備考
	水銀混合粉剤の散布量は一ヘクタール当たり約三〇キロからすると全部で二、四〇〇トンという相当大量になる。（九・一一） ・天明村の川口漁協（村上万歳組合長）の組合員約五〇〇人は一四日午前一〇時半、県庁商工水産部長室を訪れ、河端部長あて「川口地区のエビ、貝などが航空防除で死滅したので漁民はあすの生活に困っている。何とか対策をとってほしい」と陳情した。（九・一四） ・県漁連と県経済連の話し合い。県経済連は農薬散布が原因ではないと主張。県漁連は、農薬を散布の指導をしたのは県であるので、県にも責任があると主張、県に対策本部を設置。（九・一五） ・県漁連と漁貝被害問題で合意。経済連がＳＢ水銀剤に一因があることを認めた。両者で国に補償要求（ＳＢ水銀粉剤の水産動植物に与える影響について十分科学的試験が行なわれていなかった）（九・一九）		

時期	熊本	全国	備考
一九六六年（昭和四一）	・熊本農村医学研究会が農村婦人の健康診断を開始する ・非水銀剤（カスミン、オリゾン）実用化、新カーバメイト剤も実用化して、いもち病対策を講じる ・有明海・緑川流域の魚貝類が死んでいくと報告があった。（七・三）		
一九六七年（昭和四二）	水俣市の袋、茂道地区の甘夏大集団地計画がスタート。（一一・九）		
一九六八年（昭和四三）			
一九六九年（昭和四四）			
一九七〇年（昭和四五）	・新しい医療を作る県民の集い。 ・新しい医療を創る会発足。（一一・二九） ・「松葉会」が発足。		
一九七一年（昭和四六）		・日本有機農業研究会設立総会。	
一九七二年（昭和四七）	・熊本県農協婦人部大会で農村に住む者の健康管理のための具体策の必要性を提案。（三・四）		
一九七三年（昭和四八）		・山形県高畠町有機農業研究会が設立される。	
一九七四年（昭和四九）	・砥用町で「出稼ぎ農民の健康調査が行なわれる。（一・八）	・ＩＦＯＡＭの総会（パリ）に日本有機農業研究会より参加。	・スクレックス剤なくなる。

時期	熊本	全国	備考
	・熊本県有機農業研究会発足総会が県農協会館で催される。（一〇・一九） ・熊本県健康管理協会の設立二周年記念講演会で梁瀬義亮医師（奈良県五條市）が「健康と食物・食物と農法」について講演した。（一〇・一九）		
一九七五年（昭和五〇）	・第一回命と土を守る県民大会。（三・一六）（市民会館、有吉佐和子氏講演）	・有吉佐和子『複合汚染（上）』新潮社、一九七五年）発刊される。	
一九七六年（昭和五一）	・㈱熊本有機農産流通センター発足（六・一、株主四〇五名）（五・三〇）		
一九七七年（昭和五二）	・第三回有機農業全国大会が矢部町で開催される。（一一） 日本有機農業研究会・一楽照雄氏講演。		
一九七八年（昭和五三）		・第四回有機農業全国大会で「生産者と消費者の提携の方法についての十原則」を発表。（一一月）	
一九七九年（昭和五四）			
一九八〇年（昭和五五）	・第二回全国有機農業講座、小川町で開催される。		

時期	熊本	全国	備考
	・熊本県有機農業研究会は、水俣病センター相思社を視察。（八・二七）		
一九八一年（昭和五六）			
一九八二年（昭和五七）			
一九八三年（昭和五八）		・福岡正信『自然農法　わら一本の革命』（株式会社春秋社、一九八三年）発行。	
一九八四年（昭和五九）			
一九八五年（昭和六〇）	・古賀綱行『自然と生きる野菜づくり』発行。 ・「熊本いのちと土を考える会」（江口浩一理事長）が生活協同組合として発足。		
一九八六年（昭和六一）	・御岳農協有機農業研究会（会長村上信一）発足。（三・一九）		
一九八七年（昭和六二）			
一九八八年（昭和六三）	・熊有研は、「空中農薬散布中止」の運動をやることを総会で決定した。 ・阿蘇町農協青壮年部（山口力男部長）を中心とした取組みにより、空中農薬散布中止を実現した。		

時期	熊本	全国	備考
一九八九年（平成元）			
一九九〇年（平成二）			
一九九一年（平成三）			
一九九二年（平成四）			
一九九三年（平成五）	・JAみたけ有機農業研究会は、第三三回熊本県農業コンクール組織部門で奨励賞を受賞した。	・第一回アジアIFOAM会議。	
一九九四年（平成六）			
一九九五年（平成七）			
一九九六年（平成八）			
一九九七年（平成九）			
一九九八年（平成一〇）		・第二六回日有研総会・大会で「有機農産物の定義」に遺伝子組み換え使用しない旨を入れ改定。	
一九九九年（平成一一）			
二〇〇〇年（平成一二）		・日有研「農林水産省の農薬空中散布事業の廃止」を求める要望書を提出。	
二〇〇六年（平成一八）		・「有機農業推進法」施行。	
二〇〇九年（平成二一）	・「熊本県有機農業推進計画」		

参考文献

梶井功「農業技術の展開と反省」『農業基本法十年』（御茶ノ水書房、一九七一年）

『熊本県野菜園芸のあゆみ』（熊本県野菜振興会、一九八一年）

『昭和三六年度農業調査結果—熊本県農業のすがた』農林省熊本統計調査事務所、一九六三年）

有吉佐和子『複合汚染（上）』（新潮社、一九七五年）

緒方意一郎「有機農業のすばらしさ」『生命のみなもとから』（熊本日日新聞、一九八一年）

松下敏夫「わが国における農薬中毒（障害）臨床例全国調査（一九九六〜九七）」『日農医誌』四九巻二号、二〇〇〇年）

西日本新聞『いのちを守る・熊本のこころみ』（新しい医療を創る会資料第1集、一九七一年）

植木町農業協同組合『T家における農業経営の戦後展開』（熊本県農業協同組合中央会、一九八一年）

『熊本における農村医学研究の現況』（熊本農村医学研究会、発行時期不明、恐らく一九七〇年頃と推測される）

小山和作『いのちの予防医学』（熊本日日新聞社、二〇〇〇年）

古賀綱行『自然と生きる野菜づくり』（協働企画、一九八四年）

『熊本県有機農業研究会会報』熊本県有機農業研究会

『一九六五年中間農業センサス　農家調査結果概要』（熊本県企画統計調査課、一九六五年）
内田『有機農業運動の源流を訪ねて～熊本県有機農業研究会を中心に～』（二〇〇九年）
『熊本県立矢部高等学校創立八十周年記念誌』（熊本県立矢部高等学校、一九七八年）
佐藤明雄「思い出」『矢部畜協三十周年史』一九七九年
『新しい医療を創る』（新しい医療を創る会、一九七〇年）
保田茂『日本の有機農業』（ダイアモンド社、一九八九年）
一樂照雄『暗夜に種を播くが如く』（協同組合経営研究所、二〇〇九年）
木下泰雄『協同運動の原点を求めて』（財団法人協同組合経営研究所、一九八七年）
枡潟俊子「高畠有機農業運動の先駆性と現段階」『有機農業運動の地域的展開』（社団法人家の光、二〇〇一年）
星寛治『農から明日を読む』（集英社、二〇〇一年）
横関至『近代農民運動と政党政治』一九九九年
『サイレント・カーソンスプリング』青樹簗一訳『生と死の妙薬』
竹熊宜孝「医・食・農―いのちの教育」『生命のみなもとから』（熊本日日新聞情報文化センター、一九九一年）
梁瀬義亮著『生命の医と生命の農を求めて』（柏樹社、一九八七年）
『田中正造選集６』岩波書店
小松裕『真の文明は人を殺さず』（小学館、二〇一一年）

追補

東日本大震災地を訪ねて

―東京電力福島第一原発被災地相馬市・南相馬市・飯舘村を中心に―

（二〇一一年六月八～一二日）

はじめに

地震・津波の自然災害に加えて東京電力福島第一原発事故という人災が起きた。私は、この事実を見て、聞いて確かめるため、六月八日AM六時、熊本発新幹線で福島市へ向かった。福島市にはPM三時に到着した。夜、日本有機農業学会事務局長の長谷川浩さんに会った。

長谷川さんは、放射能汚染のために生まれ育ったふるさとに住めなくなったことや作物を作付け出来なくなった有機農業を営む農民の苦悩や、消費者に放射能汚染が農民の責任でないことをどこまで理解してもらえるのか―風評被害への不安を話された。また、放射能汚染は有機農業にとって絶望的だと。しかし、長谷川さんが「農民は何年もかけても有機農業を再開したい」という。長谷川さんが、「その人たちに寄り添い支援していきたい」と話されたことが印象的であった。

相馬市（六月九日現在、死者：四三一人、行方不明者：一八人）

六月九日、全国有機農業推進協議会事務局長・土井孝文さん、鈴木さんと福島市から相馬市へ向かう。一時間三〇分で相馬市へ到着、海岸線には壊れた家、農地に打ち上げられた漁船が多数あった。また、干拓地の堤防決壊による数百ヘクタールに及ぶヘドロ、がれきに埋まっていた。

干拓地堤防決壊による被害状況

相馬市の若松清一（ＭＯＡ自然農法文化事業団福島支部事務局長）さんに会う。「地震当時、ドライブ中、岩が落ちてきて死ぬんではないかと思った。一九五三年から有機農業を続けてきた。畑一〇〇アール、水田一二〇アール、五月八日までは田植えが許可されなかった。その後、田植えをしたが、原発問題で米を買ってもらえるか心配だ。放射能汚染対策としてサツマイモとひまわりを植えた」。また、松川さんは、「地震の時、トラクターを運転していたが、ジェットコースターに乗っているようだった。津波が二〇〇メートル手前まできた。田植えは出来たが、売れるかどうか心配だ」と話された。

若松さんは、「福島県は世界の実験場になるのではないか。原発は大きな組織の中でとんでもないものだと思う。今まで安全な農産物を作ってきたが、大地がひっくり返された」と話された。

○酪農家（五四歳、原発から五〇キロ）の自殺

・妻（三三歳）、小１、幼稚園

・「原発で　手足ちぎられ　酪農家」

「終戦の翌年、農家の二三男や満州引揚者らが山林を開墾した開拓地、一一五世帯すべてが酪農にとりくむ」（「朝日新聞」二〇一一年七月二五日）

南相馬市（死者：五四二人、行方不明者：一五六人）

六月九日午後、放射能汚染警戒地区域の南相馬市で、根本洸一（福島県有機農業ネットワーク元代表）さんに会った。一二年前から有機JAS認証を受けておられる。

米と大豆三ヘクタール栽培。今年の田植えは、放射能汚染のため、禁止地区になった。「田植えが出来ず無念だ。常に気持ちは晴れない。酒を飲む気持ちになれない。行政は汚染情報をこまめに出してほしい」と話された。また、「避難所は石神小学校→合津→相馬市と変わった。最初、孫と息子夫婦、家族七人は、避難先がばらばらであったが、今、やっと同じ避難先で暮らしている。原発は家族や村社会を壊した。原発は暴れものである。世界に迷惑をかけた。世界の問題だ。金中心の社会から変わらなければならない。自分も生き方をかえる」と。

「こんな時、東京の消費者が避難所を探して電話をいただいた。ほんとに嬉しかった」と話される。

南相馬市原町の有機農業推進モデルタウン（一九九八 - 一九九九年）に関わった安川昭雄さん（有機農業推進協議会幹事、八四歳）と会う。

原町周辺は緊急時避難準備区域のため、稲作

相馬市若松さん宅で聞きとり

南相馬市の根本洸一さん

南相馬市の安川明雄さん

安川さん宅での聞き取り状況

は禁止されている。しかし、安川さんは、どうしても「有機米を守りたい」と田植えを行なった。耕作を続けなければ田んぼは駄目になる。発酵堆肥（牛糞・米ぬか・粉砕したくず豆・米・竹など二年間ねかせる）を使って放射能を除染したい。また、有機栽培した稲藁を牛（一〇頭）に食わせねばならない。しかし、米は売らない。行政が田植え阻止したいなら、「私を殺してからやって下さい」と言ってやった。安川さんは、これを最後の仕事にしたい、「いのちを育む大和魂だ」と決意を述べられた。私は、安川さんの有機農業に対する熱い思いと原発に対する怒りを感じた。

○「畜産農家、出荷した一一頭すべてから国の基準値（五〇〇ベクレル／kg）を超える数値が検出、最高値、基準の六倍」（『週刊現代』二〇一一年七月三〇日号、四一頁）
○鹿野道彦農水相：「家畜の内部被曝を防ぐのは農家の責任」（『週刊現代』二〇一一年七月三〇日号、四二頁）
○遠藤智彦（三六歳、原発から二五キロ）福島県農林漁業者総決起大会にて
「人間がコントロールできないものを人間がつくっていいのか」（『日本農業新聞』二〇一一年八月一二日）

左から根本さん、安川さん、内田

有機栽培実験圃場

安川さんの牛舎

２年間熟成した堆肥

福島民報

(第三種郵便物認可)

有機米守りたい

作付け見送り原町で田植え準備

安川　昭雄さん　84

耕作続けないと田んぼ 駄目に　肥料で除染も試す

南相馬市原町区大木戸の有機栽培米農家安川昭雄さん(八四)は有機米づくりを目指し、放射能を除去する効果があるといわれる肥料を使った田植えの準備を進めている。

安川さんは満蒙開拓青少年義勇隊として満州に渡って農業を学び、戦後、原町飛行場跡地の大木戸開墾に携わった。黒毛繁殖和牛の牛ふんと米ぬか、粉砕したくず豆、くず米を混ぜて発酵させた特製堆肥を考案。十一年前から有機米栽培に取り組み、市有機農業推進協議会の幹事を務めている。水田は昨年、有機栽培技術実証ほ場に指定された。

南相馬市では、地域水田農業推進協議会が今年産米を作付けしないことを申し合わせている。しかし、有機農業は三年続けなければ「有機」と呼べなくなる。

水田の水は横川ダムからパイプラインで引く。四十㌃に直接まいたコシヒカリの種は芽を出した。別の水田ではコシヒカリ三十㌃と高級品種の満月もち五㌃を作付けする予定だ。

被爆地の広島市で放射能を減少させたとされるインドネシア・マドラ島の肥料も使う計画で、成分はサンゴ礁の石灰やリン酸など。水戸市のマドラウイング社が二十㌔十袋を提供した。

安川さんは「耕作を続けなければ田んぼが駄目になる。有機農業を守りたい。出荷はしないが、肥料の効果も試したい」と思いを語っている。

準備が整った水田を見回る安川さん

（『福島民報』2011年5月30日付）

飯舘村

六月一〇日、タクシーをチャーターして飯舘村に向かう。飯舘村（人口六〇〇〇人）は原発から三〇キロ以上離れていたが、北東の風が吹いたために放射能のホットスポットになった。そのため六月末までに全村民に避難勧告が出され、五月末八〇％が離村している。

この村は、かつて「やませ」による冷害地帯であり、とても貧しかったと聞く。村民あげて村作りに取りくみ、米＋野菜＋花＋畜産の複合経営、とくにブランド「飯舘牛」が有名である。また、女性は、農産加工、直売、都市との交流などを行なう。村は、一九八九年から五年間「若妻の翼」を開催し、九一人をヨーロッパに送り出した。異文化を学び男女共生社会をめざし、理想とする村も出来つつあった。後継者も多くいた。日本で最も美しい村の一つにもなった。

そんな村を原発は一瞬にして廃村に追い込んだ。「福島有機農業産直研究会」の高橋日出夫さんは「家族農業を目指してきて、それが実現しようとしていたところを壊されてしまって残念だ」（『福島浜通り津波・原発事故被災地調査報告』日本有機農業学会、二〇一一年五月二五日）と語っている。

ＪＡそうま飯舘支店で放射能測定値を見せてもらったら四マイクロシーベルトと高かった。

○菅野典雄村長

放射能という目に見えない災害とのたたかいは大変不安があり、憤りを覚えます。「健康が大切」とは誰も異議のないところですが、健康のリスクとともに、「避難にともなう生活のリスク」の大きさ、深さ、重大さ、悲惨さをも、いくらかなりとも心がけていただきたい。…

飯舘村の住民にとっては生きるというのは家族や集落の人たち、家畜や自然とともにいきるということなのです。（『季刊地域』summer、二〇一一年、農文協）

○佐野ハツノ（一九八九年、ドイツ・フランス視察）
「豊かさは外から与えられるものではなく、自分がつくっていくものだ。わたしらは、土から離れらんねぇの。（「日本農業新聞」二〇一一年八月一一日）

〈須賀川市〉
○樽川久志さん（六四歳）は、減農薬栽培にこだわり、ＪＡの要望で市内の学校給食に野菜を出していたが、原発事故で出荷停止になり、「これで福島の農業は終わりだ」と言い残し、自殺。
二〇年以上かけて築いたものを失った。そのショックは大きかったのだろう。（「日本農業新聞」二〇一一年八月一二日）

〈福島県農林漁業者総決起大会〉二〇一一年八月一二日、日比谷野外音楽堂、二、五〇〇人
○「オレ達の農地を返せ」ＪＡふたば
○「東電や国は除染など、元通りに農業ができる対策を早急にとるべきだ」郡山市・佐久間俊一（五五歳、水稲、イチゴ）

放棄された花栽培跡地

残ることになった
「特老いいたてホーム」

村おこしの一つとして作られた地蔵

農産物直売所の看板

ＪＡそうま飯舘支店

農産物直売所、今は閉鎖されている

放棄された野菜ハウス施設

ワーカーズコープ総会での販売支援

おわりに

東京電力福島第一原発事故は、一瞬にして家族や地域協同体を破壊し、山や川や海を汚染した。農民が永年にわたり耕し築いてきた土・農地を汚染し、文化まで奪った。とくに、放射能は遺伝子を傷つけ、子や孫の代、それ以上の代まで影響を与えることが危惧される。

ところで、明治後半、足尾鉱毒事件が起きたが、農民と共に闘った田中正造は、一九一二（明治四五）年六月一七日の日記に「真の文明ハ、山を荒さず、川を荒さず、村を破らず、人を殺さざるべし」と書いている。それから、九九年が過ぎた。

足尾銅山の煙害は、山林を破壊し、垂れ流された鉱毒は、渡良瀬川の生き物や流域の人々の命を奪い、五万町歩に及ぶ田畑を汚染した。天産豊かな谷中村は、鉱毒沈殿地として強制的に廃村にさせられた。その約六〇年後、今度は水俣病事件が起きた。チッソが垂れ流した有機水銀によって海は汚染し、多くの命を奪い、地域社会を破壊した。

この二つの事件の共通点は、生物や人の「命」より財界の「利潤」が優先されたこと、また、財・政・官など癒着した構造があったことである。

福島原発事件も、同じく「命」より「利潤」を優先した結果である。田中正造の「真の文明ハ」と重ねると、まさに文明の危機ではないか。今、原発に依存した社会のあり方を根本から問わねばならない。私は、脱原発の立場で「土といのちとくらしを協同で守る」ことに、自分のこれからの生き方をかけてみたいと思う。

あとがき

「全国有機農業の集い 2020 in 水俣」（第四八回日本有機農業研究会全国大会総会・第二七回九州・山口有機農業の祭典）が公害問題の原点である熊本県水俣市で一月二五日から二七日に開催されることになった。『有機農業運動（草創期）の記録』を何とか開催時期までに出版したいため、早急にまとめることになった。そのため雑な内容になってしまった。今後、調査・研究し、充実していきたい。

いまから約一一〇年前、足尾鉱毒事件が起きると民衆と共に闘った田中正造は、「真の文明ハ、山を荒らさず、川を荒らさず、村を破らず、人を殺さざるべし」と日記（一九一二年六月一七日）に書いている。有機農業運動がめざしたいのち優先、人と人とが有機的につながる思想と重なる。

現在の日本は、山は荒れ、川は氾濫し、中山間地の集落は消滅しつつある。さらに、平和憲法が改悪されようとしている。いまこそ、有機農業運動の出番であると考える。これから有機農業運動に関わるみなさんに参考になれば幸いである。

内田　敬介（うちだ　けいすけ）

1948 年　　熊本県下益城郡中央村（現在・美里町）に生まれる
1973 年　　東京農工大学大学院農学研究科修了
1973 年 4 月～ 2005 年 9 月　ＪＡ熊本中央会勤務
2010 年 3 月　熊本大学大学院社会文化学研究科修了　博士（文学）
2017 年 2 月　みさと土といのち協同農園設立　代表
2019 年 4 月　熊本県立農業大学校非常勤講師

〔主な所属〕
熊本近代史研究会、熊本県有機農業研究会（元理事長）、くまもと日韓農民交流ネットワーク代表世話人

〔主な著書・論文等〕
『郡築小作争議と杉谷つも』（熊本近代史研究会、1996 年）、『大矢野原演習場と農民』（熊本近代史研究会、1999 年）、『農村協同組合運動の源流を訪ねて』（1998 年）、『熊本有機農業運動の源流を訪ねて』（2004 年）、共著『足尾鉱毒事件と熊本』（熊本近代史研究会、2006 年）、『両大戦間期の農民運動史研究』（博士論文、2010 年）、「新規就農支援の課題と JA の役割」（論文、日本協同組合学会、2010 年）、「『国策』満州開拓農民の記録」『地域から見た敗戦 70 年』（熊本近代史研究会、2016 年）他

〒 861-4403　熊本県下益城郡美里町中郡 1068-3
Email：organic.farm.ku@gmail.com

有機農業運動（草創期）の記録
―熊本県を中心に―

二〇二〇年一月二〇日　初版

著者　内田　敬介
発行　熊本出版文化会館
熊本市西区二本木三丁目一―二八
☎〇九六（三五四）八二〇一
発売　創流出版株式会社
【販売委託】武久出版株式会社
東京都新宿区高田馬場三―一三―一
☎〇三（五九三七）一八四三
印刷・製本　モリモト印刷株式会社

ISBN 978-4-906897-60-5　C0061